U0113336

The Development Strategy of
China's Engineering Science and Technology for 2035

# 中国工程科技
# 2035发展战略

 ## 医药卫生领域报告

"中国工程科技2035发展战略研究"项目组

科学出版社

北 京

**图书在版编目(CIP)数据**

中国工程科技 2035 发展战略. 医药卫生领域报告／"中国工程科技 2035 发展战略研究"项目组编. —北京：科学出版社，2019.6
ISBN 978-7-03-061313-4

Ⅰ. ①中… Ⅱ. ①中… Ⅲ. ①科技发展—发展战略—研究报告—中国 ②医疗保健事业—发展战略—研究报告—中国 Ⅳ. ①G322 ②R199.2

中国版本图书馆 CIP 数据核字（2019）第 100881 号

丛书策划：侯俊琳 牛 玲
责任编辑：牛 玲 路 倩／责任校对：王晓茜
责任印制：师艳茹／封面设计：有道文化
编辑部电话：010-64035853
E-mail: houjunlin@mail.houjunlin.com

**科 学 出 版 社** 出版
北京东黄城根北街 16 号
邮政编码：100717
http://www.sciencep.com
**中国科学院印刷厂** 印刷
科学出版社发行 各地新华书店经销

*

2019 年 6 月第 一 版 开本：720×1000 1/16
2019 年 6 月第一次印刷 印张：13 3/4 插页：1
字数：300 000

**定价：86.00 元**
（如有印装质量问题，我社负责调换）

# 中国工程科技 2035 发展战略研究
## 联合领导小组

组　长：周　济　杨　卫
副组长：赵宪庚　高　文
成　员（以姓氏笔画为序）：

王长锐　王礼恒　尹泽勇　卢锡城　孙永福
杜生明　李一军　杨宝峰　陈拥军　周福霖
郑永和　孟庆国　郝吉明　秦玉文　柴育成
徐惠彬　康绍忠　彭苏萍　韩　宇　董尔丹
黎　明

## 联合工作组

组　长：吴国凯　郑永和
成　员（以姓氏笔画为序）：

孙　粒　李艳杰　李铭禄　吴善超　张　宇
黄　琳　龚　旭　董　超　樊新岩

# 中国工程科技 2035 发展战略丛书

## 编 委 会

**主 任:** 周 济 杨 卫

**副主任:** 赵宪庚 高 文 王礼恒

**编 委**（以姓氏笔画为序）:

丁一汇 王 雪 尤 政 尹泽勇 卢锡城

吕 薇 庄松林 孙永福 孙优贤 孙宝国

孙殿军 李 平 李天初 李德发 杨宝峰

吴孔明 吴曼青 余贻鑫 张 军 张 偲

范维澄 金东寒 金翔龙 周福霖 赵文智

郝吉明 段 宁 袁业立 聂建国 徐建国

徐惠彬 殷瑞钰 栾恩杰 高从堦 唐启升

康绍忠 屠海令 彭苏萍 程 京 谭久彬

潘德炉

# 项目办公室

主　任：吴国凯　郑永和

成　员（以姓氏笔画为序）：

孙　粒　李艳杰　张　宇　黄　琳　龚　旭

# 工　作　组

组　长：王崑声

副组长：黄　琳　龚　旭　周晓纪

成　员（以姓氏笔画为序）：

丁淑富　马　飞　王亚琼　王宏伟　王晓俊
王爱红　王海风　左家和　白　雁　刘　奕
安　达　孙　粒　孙胜凯　李冬梅　李铭禄
李憑峰　但智钢　宋　超　张　勇　张　莉
张　健　张　博　张文韬　陈进东　范桂梅
周　源　宗玉生　胡良元　侯超凡　袁建华
夏登文　唐海英　黄海涛　崔　剑　梁桂林
董　超　满　璇　裴　钰　阚晓伟　谭宗颖
樊新岩　魏　畅

# 中国工程科技 2035 发展战略·
# 医药卫生领域报告
# 编 委 会

主　编：杨宝峰

副主编：徐建国　孙殿军

编　委（以姓氏笔画为序）：

|  |  |  |  |  |
|---|---|---|---|---|
| 丁　健 | 于金明 | 王　辰 | 王　锐 | 王广基 |
| 王红阳 | 王陇德 | 巴德年 | 付小兵 | 丛　斌 |
| 宁　光 | 乔　杰 | 刘志红 | 刘德培 | 李　松 |
| 李兰娟 | 李兆申 | 杨胜利 | 吴以岭 | 邱贵兴 |
| 邱蔚六 | 沈倍奋 | 张　运 | 张志愿 | 张伯礼 |
| 陈志南 | 陈君石 | 陈香美 | 陈赛娟 | 林东昕 |
| 周宏灏 | 郝希山 | 钟南山 | 侯惠民 | 洪　涛 |
| 姚新生 | 夏照帆 | 顾晓松 | 高润霖 | 曹雪涛 |
| 韩雅玲 | 韩德民 | 程　京 | 程书钧 | 曾溢滔 |
| 谢立信 | 甄永苏 | 詹启敏 | 樊代明 | 魏于全 |

# 工 作 组

组　　长：孙殿军

副组长：张　勇　高彦辉　王小宁

成　　员（以姓氏笔画为序）：

王立波　牛玉梅　田　玲　田　野　邢婉丽

曲章义　吕延杰　孙夕林　孙长颢　李　康

李　霞　李仁涵　李冬梅　李宝馨　吴群红

张凤民　张文韬　张志仁　张艳桥　张清媛

易　建　金　焰　赵世光　赵亚双　赵西路

赵丽军　高　旭

秘　　书：赵丽军　李佳敏　肖　丹

# 总　　序

科技是国家强盛之基，创新是民族进步之魂，而工程科技是科技向现实生产力转化过程的关键环节，是引领与推进社会进步的重要驱动力。当前，中国特色社会主义进入新时代，党的十九大提出了2035年基本实现社会主义现代化的发展目标，要贯彻新发展理念，建设现代化经济体系，必须把发展经济的着力点放在实体经济上，把提高供给体系质量作为主攻方向，显著增强我国经济质量优势。我国作为一个以实体经济为主带动国民经济发展的世界第二大经济体，以及体现实体经济发展与工程科技进步相互交织、相互辉映的动力型发展体，工程科技发展在支撑我国现代化经济体系建设，推动经济发展质量变革、效率变革、动力变革中具有独特的作用。习近平总书记在2016年"科技三会"①上指出，"国家对战略科技支撑的需求比以往任何时期都更加迫切"，未来20年是中国工程科技大有可为的历史机遇期，"科技创新的战略导向十分紧要"。

2015年始，中国工程院和国家自然科学基金委员会联合组织开展了"中国工程科技2035发展战略研究"，以期集聚群智，充分发挥工程科技战略对我国工程科技进步和经济社会发展的引领作用，"服务决策、适度超前"，积极谋划中国工程科技支撑高质量发展之路。

---

① "科技三会"即2016年5月30日召开的全国科技创新大会、中国科学院第十八次院士大会和中国工程院第十三次院士大会、中国科学技术协会第九次全国代表大会。

**第一，中国经济社会发展呼唤工程科技创新，也孕育着工程科技创新的无限生机。**

创新是引领发展的第一动力，科技创新是推动经济社会发展的根本动力。当前，全球科技创新进入密集活跃期，呈现高速发展与高度融合态势，信息技术、新能源、新材料、生物技术等高新技术向各领域加速渗透、深度融合，正在加速推动以数字化、网络化、智能化、绿色化为特征的新一轮产业与社会变革。面向 2035 年，世界人口与经济持续增长，能源需求与环境压力将不断增大，而科技创新将成为重塑世界格局、创造人类未来的主导力量，成为人类追求更健康、更美好的生活的重要推动力量。

习近平总书记在 2018 年两院院士大会开幕式上讲到："我们迎来了世界新一轮科技革命和产业变革同我国转变发展方式的历史性交汇期，既面临着千载难逢的历史机遇，又面临着差距拉大的严峻挑战。"从现在到 2035 年，是将发生天翻地覆变化的重要时期，中国工业化将从量变走向质变，2020 年我国要进入创新型国家行列，2030 年中国的碳排放达到峰值将对我国的能源结构产生重大影响，2035 年基本实现社会主义现代化。在这一过程中释放出来的巨大的经济社会需求，给工程科技发展创造了得天独厚的条件和千载难逢的机遇。一是中国将成为传统工程领域科技创新的最重要战场。三峡水利工程、南水北调、超大型桥梁、高铁、超长隧道等一大批基础设施以及世界级工程的成功建设，使我国已经成为世界范围内的工程建设中心。传统产业升级和基础设施建设对机械、土木、化工、电机等学科领域的需求依然强劲。二是信息化、智能化将是带动中国工业化的最佳抓手。工业化与信息化深度融合，以智能制造为主导的工业 4.0 将加速推动第四次工业革命，老龄化社会将催生服务型机器人的普及，大数据将在城镇化过程中发挥巨大作用，天网、地网、海网等将全面融合，信息工程科技领域将迎来全新的发展机遇。三是中国将成为一些重要战略性新兴产业的发源地。在我国从温饱型社会向小康型社会转型的过程中，人民群众的消费需求不断增长，将创造令世界瞩目和羡慕的消费市场，并将在一定程度上引领全球消费市场及相关行业的发展方向，为战略性新兴产业的形成与发展奠定坚实的基础。四是中国将是生态、能源、资源环境、医疗卫生等领域工程科技创新的主战场。尤其是在页岩气开发、碳排放减量、核能利用、水污染治理、土壤修复等方面，未来 20 年中国需求巨大，给能源、节能环保、医疗保健等产业及其相关工程领域创造了难得的发展机遇。五是中国的国防现代化建设、航空航天技术与工程的跨越式发展，给工程科技领域提出了更多更高的要求。

为了实现 2035 年基本实现社会主义现代化的宏伟目标，作为与经济社会联系最紧密的科技领域，工程科技的发展有较强的可预见性和可引导性，更有可能在"有所为、有所不为"的原则下加以选择性支持与推进，全面系统地研究其发展战略显得尤为重要。

**第二，中国工程院和国家自然科学基金委员会理应共同承担起推动工程科技创新、实施创新驱动发展战略的历史使命。**

"工程科技是推动人类进步的发动机，是产业革命、经济发展、社会进步的有力杠杆。"[①] 习近平总书记在 2016 年"科技三会"上指出："中国科学院、中国工程院是我国科技大师荟萃之地，要发挥好国家高端科技智库功能，组织广大院士围绕事关科技创新发展全局和长远问题，善于把握世界科技发展大势、研判世界科技革命新方向，为国家科技决策提供准确、前瞻、及时的建议。要发挥好最高学术机

---

① 参见习近平总书记 2018 年 5 月 28 日在中国科学院第十九次院士大会和中国工程院第十四次院士大会上的讲话。

构学术引领作用，把握好世界科技发展大势，敏锐抓住科技革命新方向。"这不仅高度肯定了战略研究的重要性，而且对战略研究工作提出了更高的要求。同时，习近平总书记在 2018 年两院院士大会上指出，"基础研究是整个科学体系的源头。要瞄准世界科技前沿，抓住大趋势，下好'先手棋'，打好基础、储备长远"；"要加大应用基础研究力度，以推动重大科技项目为抓手"；"把科技成果充分应用到现代化事业中去"。

中国工程院是国家高端科技智库和工程科技思想库；国家自然科学基金委员会是我国基础研究的主要资助机构，也是我国工程科技领域基础研究最重要的资助机构。为了发挥"以科学咨询支撑科学决策，以科学决策引领科学发展"①的制度优势，双方决定共同组织开展中国工程科技中长期发展战略研究，这既是充分发挥中国工程院国家工程科技思想库作用的重要内容和应尽责任，也是国家自然科学基金委员会引导我国科学家面向工程科技发展中的科学问题开展基础研究的重要方式，以及加强应用基础研究的重要途径。2009 年，中国工程院与国家自然科学基金委员会联合组织开展了面向 2030 年的中国工程科技中长期发展战略研究，并决定每五年组织一次面向未来 20 年的工程科技发展战略研究，围绕国家重大战略需求，强化战略导向和目标引导，勾勒国家未来 20 年工程科技发展蓝图，为实施创新驱动发展战略"谋定而后动"。

**第三，工程科技发展战略研究要成为国家制定中长期科技规划的重要基础，解决工程科技发展问题需要基础研究提供长期稳定支撑。**

工程科技发展战略研究的重要目标是为国家中长期科技规划提供

---

① 参见中共中央办公厅、国务院办公厅联合下发的《关于加强中国特色新型智库建设的意见》。

有益的参考。回顾过去，2009 年组织开展的"中国工程科技中长期发展战略研究"，为《"十三五"国家科技创新规划》及其提出的"科技创新 2030—重大项目"提供了有效的决策支持。

党的十八大以来，我国科技事业实现了历史性、整体性、格局性重大变化，一些前沿方向开始进入并行、领跑阶段，国家科技实力正处于从量的积累向质的飞跃、由点的突破向系统能力提升的重要时期。为推进我国整体科技水平从跟跑向并行、领跑的战略性转变，如何选择发展方向显得尤其重要和尤其困难，需要加强对关系根本和全局的科学问题的研究部署，不断强化科技创新体系能力，对关键领域、"卡脖子"问题的突破作出战略性安排，加快构筑支撑高端引领的先发优势，才能在重要科技领域成为领跑者，在新兴前沿交叉领域成为开拓者，并把惠民、利民、富民、改善民生作为科技创新的重要方向。同时，我们认识到，工程科技的前沿往往也是基础研究的前沿，解决工程科技发展的问题需要基础研究提供长期稳定支撑，两者相辅相成才能共同推动中国科技的进步。

我们期望，面向未来 20 年的中国工程科技发展战略研究，可以为工程科技的发展布局、科学基金对应用基础研究的资助布局等提出有远见性的建议，不仅形成对国家创新驱动发展有重大影响的战略研究报告，而且通过对工程科技发展中重大科学技术问题的凝练，引导科学基金资助工作和工程科技的发展方向。

**第四，采用科学系统的方法，建立一支推进我国工程科技发展的战略咨询力量，并通过广泛宣传凝聚形成社会共识。**

当前，技术体系高度融合与高度复杂化，全球科技创新的战略竞争与体系竞争更趋激烈，中国工程科技 2035 发展战略研究，即是要面向未来，系统谋划国家工程科技的体系创新。"预见未来的最好办法，就是塑造未来"，站在现在谋虑未来、站在未来引导现在，将国家需求同工程科技发展的可行性预判结合起来，提出科学可行、具有中国特色的工程科技发展路线。

因此，在项目组织中，强调以长远的眼光、战略的眼光、系统的眼光看待问题、研究问题，突出工程科技规划的带动性与选择性，同时，注重研究方法的科学性和规范性，在研究中不断探索新的更有效的系统性方法。项目将技术预见引入战略研究中，将技术预见、需求分析、经济预测与工程科技发展路径研究紧密结合，采用一系列规范方法，以科技、经济和社会发展规律及其相互作用为基础，对未来 20 年科技、经济与社会协同发展的趋势进行系统性预见，研究提出面向 2035 年的中国工程科技发展的战略目标和路径，并对基础研究方向部署提出建议。

项目研究更强调动员工程科技各领域专家以及社会科学界专家参与研究，以院士为核心，以专家为骨干，组织形成一支由战略科学家领军的研究队伍，并通过专家研讨、德尔菲专家调查等途径更广泛地动员各界专家参与研究，组织国际国内学术论坛汲取国内外专家意见。同时，项目致力于搭建我国工程科技战略研究智能决策支持平台，发展适合我国国情的科技战略方法学。期望通过项目研究，不仅能够形成有远见的战略研究成果，同时还能通过不断探索、实践，形成战略研究的组织和方法学成果，建立一支推进工程科技发展的战略咨询力量，切实发挥战略研究对科技和经济社会发展的引领作用。

在支撑国家战略规划和决策的同时，希望通过公开出版发布战略研究报告，促进战略研究成果传播，为社会各界开展技术方向选择、战略制定与资源优化配置提供支撑，推动全社会共同迎接新的未来和发展机遇。

展望未来，中国工程院与国家自然科学基金委员会将继续鼎力合作，发挥国家战略科技力量的作用，同全国科技力量一道，围绕建设世界科技强国，敏锐抓住科技革命方向，大力推动科技跨越发展和社会主义现代化强国建设。

中国工程院院长：李晓红院士
国家自然科学基金委员会主任：李静海院士
2019 年 3 月

# 前　言

## 一、课题研究背景和宗旨

中国社会正处于现代化进程中，伴随着经济发展、社会进步和人民生活水平的迅速提高，中国的工业化、城镇化、信息化、国际化程度逐渐提高，老龄化日趋加剧，我国的医药卫生事业在国民经济和社会发展中面临极大的挑战和机遇。

现阶段是全面建成小康社会的决胜期，到 2020 年，我国要基本实现工业化。《中国工业发展报告 2014》指出，中国经济走向新常态的过程，也是中国步入工业化后期的阶段（中国经济网，2014）。2015 年，《城市蓝皮书：中国城市发展报告（No.8）·创新驱动中国城市全面转型》发布。书中提出，截至 2014 年年底，中国城镇化率已经达到 54.8%，预计到 2020 年中国城镇化率将超过 60%，到 2030 年将达到 70% 左右（潘家华等，2015）。《2017 年国民经济和社会发展统计公报》显示，截至 2017 年年底，我国 60 岁及以上人口为 2.4 亿，占总人口的 17.3%，其中 65 岁及以上人口近 1.6 亿，占总人口的 11.4%（国家统计局，2018）。联合国有关资料显示，2030~2050 年将是我国人口老龄化速度最快的时期，到 2050 年，我国老年人口总量将超过 4 亿，老龄化水平将达到 30% 以上。

目前，全球已经进入国际化和信息化的时代。20 世纪以来，特别是第二次世界大战以后，以电子计算机技术、微电子技术、信息通信技术、新材料技术、空间技术、海洋技术、现代交通运输技术等为主体的现代高技术群的出现，极大地促进了世界各国的国际化进程。计算机技术、数字化技术和生物工程技术等先进技术应用到医学领域，为医疗卫生信息化发展提供了支持。近年来，世界上主要发达国家先后投入巨资开展以电子健康档案和电子病历数据共享为核心的卫生信息化建设，我国也不例外。《全国卫生信息化发展规划纲要 2003—2010 年》（卫办发〔2003〕74 号）、《中共中央　国务院关于深化医药卫生体制改革的意见》（中发〔2009〕6 号）、《"十二五"期间深化医药卫生体制改革规划暨实施方案》（国发〔2012〕11 号）、《关于加强卫生统计与信息化人才队伍建设的意见》（卫办综发〔2012〕43 号）、《卫生事业发展"十二五"规划》（国发〔2012〕57 号）、《"十三五"卫生与健康规划》（国发〔2016〕77 号）等逐步推进全国人口健康信息化战略和人才队伍建设，有力地促进了我国医药卫生事业的发展。

面对全球科技革命和产业变革的机遇和挑战，面对我国全面建成小康社会、实现中华民族伟大复兴的战略目标，以习近平同志为核心的党中央作出了实施创新驱动发展、加快建设创新型国家、实施"健康中国"战略的重大部署，强调科技创新是提高社会生产力和综合国力的战略支撑，必须摆在国家发展全局的核心位置。我国高度重视保护和增进人民健康及生活水平，医药卫生工程科技是与经济社会联系紧密、作用直接、效果明显的医学科技领域，是形成现实生产力的关键。

2015 年，中国工程院和国家自然科学基金委员会组织开展了针对2035 年医药卫生领域发展的工程技术预见，目的是科学评价我国医药卫生领域各学科在国际上所处的地位及发展趋势，支撑国家经济结构调整与转型升级，在国际竞争新形势下完善医药卫生工程科技发展布局，同时也为国家自然科学基金委员会的医药卫生领域基础研究资助工作安排提供参考。

中国医药卫生领域 2035 中长期发展战略研究，以习近平新时代中国特色社会主义思想为指导，坚持"创新、协调、绿色、开放、共享"五大发展理念，以支撑我国经济社会发展为核心任务，以建设"健康中国"为目标，多学科协同发展，从阐明疾病与健康机制、预防与干预、药械研发、精准医学、整合医学等方面全方位提高我国医药卫生发展水平。

## 二、研究要求

人民健康是民族昌盛和国家富强的重要标志，是促进人类全面发展的必然要求，提高人民健康水平，实现病有所医的理想，是人类社会的共同追求。在中国这个有着 13 亿多人口的发展中大国，医药卫生体系关系亿万人民健康，是重大的民生问题。在中国工程院和国家自然科学基金委员会共同部署的"中国工程科技 2035 发展战略研究"项目中，本研究课题重点关注医药卫生领域，结合国内外相关的技术预见和相关的中长期科技发展战略研究结果，对我国未来医药卫生科技发展战略开展深入研究。

本项目的研究目的有三个方面。一是把握国内外医药卫生领域发展趋势，判断我国 2035 年医药卫生领域发展图景，识别国家重大战略需求，筛选出关键技术、共性技术和跨领域技术，特别是未来可能出现的突破性和颠覆性技术。二是面向应用，研究提出医药卫生领域科技发展路径和重大工程；根据工程科技发展总体要求，提出需要优先开展的医药卫生领域基础研究方向。三是通过战略研究，为国家医药卫生领域的系统谋划和前瞻部署提供支撑，为国家医药卫生领域的基础研究部署提供参考，不断增进我国医药卫生科技发展水平和能力，服务于经济社会的可持续发展。

本课题的研究要求具体如下。

（1）加强顶层设计和学科交叉研究，体现系统性、战略性。

（2）着眼未来发展和自主创新，突出前瞻性、引领性。

（3）加强科技与经济社会综合研究，强调带动性、选择性。

（4）加强方法创新和研究组织协调，提高科学性、规范性。

## 三、研究组织

### （一）成立课题组，确立研究人员和研究方案

设立医药卫生领域课题综合组，以中国工程院医药卫生学部常委会和学部主席团成员为主，吸收与医药卫生学部领域相关的跨学部院士和领域内的专家参加。综合组的工作任务包括：制定本领域的研究计划和方案；征集重大工程愿景，开展本领域技术预见工作，包括制订备选技术清单，选定领域专家，发放、回收与统计调查问卷，分析调查结果等；开展领域战略研究，研究提出本领域的技术发展方向和关键技术，编写战略研究领域报告，参加项目总体研究和综合报告编写。综合组中设执笔组，由专家组成，负责领域报告编写，参与《中国工程科技 2035 发展战略·综合报告》的编写。

### （二）技术预见工作过程

#### 1. 备选技术清单征集

在"中国工程科技 2035 发展战略研究"项目总体框架下，医药卫生学部形成了研究方案，并撰写了课题任务书；分别在天津和北京召开了医药卫生学部常委扩大会议，其间开展了两次对院士、专家的咨询工作，形成了课题子领域清单和关键技术清单。在项目组总体组织下，又对技术清单进行了多次修改，由最初的医药和人口健康两大领域、14 个子领域、59 个技术方向、493 项关键技术，精减为医药卫生一个领域、11 个子领域、75 项关键技术。

#### 2. 第一轮德尔菲调查

针对 75 项关键技术，课题组开展了第一轮德尔菲网络问卷调查，调查对象包括国家自然科学基金委员会专家、课题组专家及相关领域专家等。完成第一轮德尔菲调查后，在院士、专家的建议下，对技术清单做出

进一步修改，除了增加和合并个别关键技术外，还增加了法医学子领域，将整合医学与医学信息技术及其他子领域中涉及法医学领域的技术做了拆分和调整。因此，医药卫生领域第二轮德尔菲调查共 12 个子领域，但仍为 75 项关键技术，并邀请各子领域的专家对相应关键技术的说明再次进行修改，使其更加准确。

### 3. 第二轮德尔菲调查

第二轮德尔菲调查于 2016 年 6 月 7 日正式上线开放，调整了在线调查问卷的整体展现形式，增加了第一轮调查结果展示模块，供专家参考。与第一轮调查不同的是，专家对不熟悉的项目可以放弃。并同时设置了两个开放式问题，一是为支撑 2035 年的工程科技突破，近 5 年或更长时间需要加强部署的基础研究方向；二是提出 2035 年左右将出现的重要新型产品及其主要特点和功能。

### 4. 问卷调查结果的研讨分析过程

基于技术预见组第二轮德尔菲问卷调查的统计分析，课题组对医药卫生领域的 75 项技术进行了初步筛选，选出了每个相关指标重要性指数排名前 20 位的技术项目，于 2016 年 8 月 6 日召开专家组研讨会，经过各位专家对初步统计结果的甄别筛选，确定了每个相关指标下重要性指数排名前 10 位的技术方向。会后，结合了中国工程院医药卫生学部常委的意见形成最终相关指标下的 10 项技术方向。在此基础上，课题组完成了医药卫生领域技术预见分析报告，提交至"中国工程科技 2035 发展战略研究"项目组。

### 5. 领域报告撰写工作情况

2016 年 8 月 1 日，项目组召开专家组会议，对"中国工程科技 2035 发展战略研究"领域报告参考大纲进行了详细解读，提出撰写要求和注意事项，并布置了医药卫生领域报告撰写的具体分工。撰写原则是以《中国工程科技中长期发展战略研究》（中国工程科技中长期发展战略研究项目组，2015）为基础，结合第二轮技术预见分析结果，提出"中国工程科技 2035 发展战略研究"的重大工程建议和重大科技项目建议。与《中国工程科技 2030 中长期发展战略研究》相比，本轮调查对原有的重大工程建议加以保留，如慢性病防控重大工程、基于分子诊断与生物大数据分析的精准医学工程，增加了新药发现、中药现代化与制药工程，人工智能与神经系统重大工程，基于声、光、电、磁的新型诊断和治疗技术推进工程，基于再生医学的人工组织器官再造技术工程，出生缺陷检测和预防新技术新产品研发工程，智慧健康工程等。对重大科技项目的建议也有所调整，保留了数字卫生、脑科学与人工智能、高端医疗器械重大科技项目，增加了生物与分子医学、转基因动物技术和转基因动物制药、营养防控慢性病、发育与生殖研究、靶向病原体防御技术、法医学重大科技项目。

**6. 专家新建议的重大科技项目**

在第二轮德尔菲调查过程中，李兰娟等 30 余名院士、专家联名提出，将"人体微生态与健康"列入"中国工程科技 2035 发展战略研究"医药卫生领域"重大科技项目"部分。

本研究在综述了目前世界医药卫生领域工程科技先进水平与前沿问题的基础上，描绘了 2035 年世界医药卫生领域工程科技发展图景和社会经济发展状况，提出了面向 2035 年我国医药卫生的愿景和需求，预见了我国医药卫生领域技术与应用重要性综合指数排名前 10 项的关键技术，提出了面向 2035 年我国医药卫生领域工程科技发展的思路和目标、重点任务、需要优先部署的基础研究方向、重大工程和重大科技项目，以及发展的措施与政策建议。

《中国工程科技 2035 发展战略 ·

医药卫生领域报告》编委会

2019 年 1 月

# 摘　　要

## 一、研究背景和目的

中国社会正处于现代化进程中，伴随着经济发展、社会进步和人民生活水平的迅速提高，中国的工业化、城镇化、信息化、国际化程度逐渐提高，老龄化日趋加剧，我国医药卫生在国民经济和社会发展中面临极大的挑战和机遇。为了适应国家重大战略需求，开展未来 20 年我国医药卫生和人口健康领域关键技术预见，科学评价我国医药卫生领域各学科在国际上所处的地位及发展趋势，支撑国家经济结构调整与转型升级，在国际竞争新形势下完善医药卫生工程科技发展布局，以及为国家自然科学基金委员会的医药卫生领域基础研究资助工作安排提供参考，特开展了本项目的咨询研究。

## 二、研究的组织与实施

2015 年，中国工程院和国家自然科学基金委员会组织开展了"中国工程科技 2035 发展战略研究"咨询项目，医药卫生领域作为其中的一部分，在总体组的框架和指导下开展咨询研究工作。本课题由中国工程院医药卫生学部负责，充分发挥领域内院士、专家的作用，以国内外现有技术预见成果、文献计量和专利分析等为基础，提出备选技术需求清单，针对 12 个子领域（生物与分子医学、再生医学、生物物理与医学工程、药物工程、中医药、预防医学、疾病防治、认知与行为科学、生殖医学、口腔医学及眼耳鼻喉、整合医学与医学信息技术、法医学）的 75 项技术，向领域内科技专家和产业专家进行了两轮的德尔菲问卷调查。根据问卷调查结果，并结合专家研判，筛选出本领域的重要关键技术，并提出面向 2035 年我国医药卫生领域发展的总体战略、重点任务、优先部署的基础研究方向、重大工程和重大科技项目、政策建议等。

## 三、研究结果

### （一）医药卫生领域工程科技技术预见与发展能力分析

根据德尔菲问卷调查结果，结合专家研判，提出了医药卫生领域前 10 项重要关键技术，分别是新药发现研究与制药工程关键技术；人工智能及大脑模拟关键技术（交叉）；中药资源保护、先进制药和疗效评价技术；新型生物材料与纳米生物技术；细胞与组织修复及器官再生的新技术与应用；慢性病防控工程与治疗关键技术（包括肿瘤、心脑血管疾病、糖尿病、慢性阻塞性肺疾病及肾脏疾病等）；基于组学大数据的疾病预警及风险评估技术；食品安全防控识别体系及安全控制技术；不孕不育治疗体系优化；应对突发疫情、生物恐怖等生物安全关键技术。

分析发现，我国医药卫生领域技术方向的研发水平均较低，处于较落后和落后水平的技术占 73.33%。整体来看，人才队伍及科技资源和研发投入是医药卫生领域技术发展的主要制约因素。在 12 个子领域中，受人才队伍及科技资源和研发投入制约相对较强的是药物工程，受标准规范制约相对较强的是生殖医学，受法律法规政策制约相对较强的是再生医学、生殖医学和整合医学与医学信息技术，受协调与合作制约相对较强的是整合医学与医学信息技术，而生物物理与医学工程受工业基础能力的制约程度相对大于其他子领域。

## （二）医药卫生领域工程科技发展的思路与目标

### 1. 发展思路

实施"健康中国"战略，多学科协同发展，从阐明疾病与健康机制、预防与干预、药械研发、精准医学、整合医学等全方位提高我国医药卫生发展水平。以控制慢性病流行为目标，实施精准防治策略，有效遏制慢性病快速增长的趋势，降低重大慢性病过早死亡率。实行国家战略规划，控制新发传染病发生与流行。不断加强精神性疾病的控制能力和水平，实现衰老过程的干预和脑科学的跨越式发展。以全民生殖健康需求为导向，推动生殖医学发展。全面提升我国化学制药、生物制药创制水平，加强药用动植物保护和培育，科学发展中医方剂及制药工艺，传承和发扬中医药理论体系。以全民健康需求为导向，坚持"发展高科技，实现产业化"发展理念，推动生物技术成果的转化应用和产业化衔接，大力推动组织工程及器官再生技术研发，使我国成为生物技术强国和生物产业大国。全力开展生物医学大数据的开发与利用，加快生命体征传感器技术发展步伐，引导数字化医学和智慧健康产业发展。以提高医学效能为目标，构建整合医学的防治体系，切实推动整合医学的发展。

### 2. 发展目标

2025 年，医药卫生技术总体达到世界中上游水平，基本满足建设"健康中国"的需求，实现从"以治病为中心"到"以健康促进为中心"的过渡。

2035 年，医药卫生技术总体达到世界先进水平，部分领域处于前沿位置，极大满足建设"健康中国"的需求，为全面实现"人人享有健康"的战略目标提供技术保障。

## （三）我国医药卫生领域面向 2035 年的重点任务

我国医药卫生领域面向 2035 年的重点任务分别是：

（1）建立我国慢性病防控的关键技术及其三级预防体系。

（2）构建高效的防控新发传染病网络。

（3）建立生物精神病学诊断和治疗的新技术体系。

（4）建立完整的具有世界先进水平的生殖技术创新体系。

（5）建成具有中国特色的国家药物创新体系。

（6）建立用于临床治疗的细胞与组织修复技术及组织器官再造技术。

（7）发展成熟的个体化治疗和精准医疗技术。

（8）建立我国自主研发的新型健康医疗设备关键技术体系。

（9）构建智能化、一体化的全国健康医疗卫生服务系统。

## （四）需要优先部署的基础研究方向

共有 9 个需要优先部署的基础研究方向，分别是：

（1）分子诊断与生物治疗机制研究。

（2）干细胞干性维持及命运决定机制的研究。

（3）基于干细胞的组织器官修复研究。

（4）针对重大疾病精准靶向治疗的创新药物研究。

（5）中药资源保护与制药现代化基础医学及关键技术研究。

（6）重大疾病的发病机制及防治。

（7）高端医疗设备及新型诊疗技术的基础理论研究。

（8）认知与行为医学基础研究。

（9）生殖健康基础研究。

## （五）重大工程和重大科技项目

为了满足我国经济社会发展的重大需求，解决医药卫生领域发展的重大瓶颈问题，充分发挥重大工程在医药卫生领域中的带动作用，从而对国家发展和人口健康发挥全局性或关键性影响；同时，为了满足我国经济社会发展对医药卫生领域工程科技的重大需求，发挥对国家医药卫生事业建设和发展的全局性或关键性推动作用，全面提升我国医药卫生关键领域技术水平和自主创新能力，促进我国医药卫生科技长远发展，本报告提出了需要从国家层面给予支持和推动的 8 个重大工程和 10 个重大科技项目。

8 个重大工程分别是：

（1）新药发现、中药现代化与制药工程。

（2）人工智能与神经系统重大工程。

（3）基于声、光、电、磁的新型诊断和治疗技术推进工程。

（4）基于再生医学的人工组织器官再造技术工程。

（5）基于分子诊断与生物大数据分析的精准医学工程。

（6）慢性病防控重大工程。

（7）出生缺陷检测和预防新技术新产品研发工程。

（8）智慧健康工程。

10 个重大科技项目分别是：

（1）脑科学与人工智能重大科技项目。

（2）生物与分子医学重大科技项目。

（3）高端医疗器械重大科技项目。

（4）转基因动物技术和转基因动物制药重大科技项目。

（5）营养防控慢性病的重大科技项目。

（6）发育与生殖研究重大科技项目。

（7）靶向病原体防御技术重大科技项目。

（8）人体微生态与健康重大科技项目。

（9）智能化医疗与大数据重大科技项目。

（10）法医学重大科技项目。

结合我国"十三五"科技创新规划和目前正在开展的研究项目，医药卫生领域最后向中国工程科技 2035 发展战略研究项目组提出"2+2"重大工程和重大科技项目，分别是：

（1）新药发现、中药现代化与制药重大工程。

（2）智慧健康工程。

（3）人体微生态与健康重大科技项目。

（4）智能化医疗与大数据重大科技项目。

## （六）政策建议

主要提出以下 7 方向的政策建议：

（1）适应国民健康需要，坚持预防为主、防治结合的健康策略，实现关口前移。

（2）以重点工程和重点项目为依托，在重点疾病、关键问题领域寻找突破口，抢占技术制高点。

（3）加强实施创新和专利战略，重视科研与生产的结合与技术转化。

（4）完善政策、健全法律支撑体系。

（5）建立与经济发展水平相适应的公共财政投入政策与机制。

（6）实施"人才强卫"战略，提高卫生人力素质。

（7）积极开展国际交流和合作。

# 目　　录

# 第一章
# 2035 年世界医药卫生领域工程
# 科技发展展望

————

当今，世界正面临着慢性非传染性疾病和传染性疾病的双重威胁。一方面，随着社会的发展和经济的进步，全世界范围内很多国家都在逐步进入老龄化社会，心脑血管疾病、癌症、糖尿病、慢性阻塞性肺疾病等慢性疾病，以及阿尔茨海默病、帕金森病等衰老相关性疾病的发病率、患病率和死亡率正逐渐增加，已成为威胁人类健康的最严重的公共卫生问题。另一方面，原有的传染性疾病在一些经济欠发达国家未得到很好的控制，而一些新发突发传染病又频繁出现，给全世界人类的健康带来严重的安全隐患。本章分别从当今医药卫生领域工程科技先进水平与前沿问题、2035年医药卫生领域工程科技发展图景、2035年世界医药卫生领域经济社会发展图景三个方面，对2035年世界医药卫生领域工程科技的发展进行展望。

# 第一节　医药卫生领域工程科技国际先进水平与前沿问题

## 一、医药卫生工程科技国际先进水平

### （一）慢性非传染性疾病是全球面临的最主要的公共卫生问题，预防和控制慢性非传染性疾病已经成为全球战略行动

慢性非传染性疾病（简称慢性病），其特点为长期持续的不能自愈和很少能完全治愈的疾病，且常见，费用负担高，以心脑血管疾病、癌症、糖尿病和慢性呼吸系统疾病等为代表，是全球面临的最严重的公共卫生问题。国际社会日益关注慢性病的全球防治工作。2011 年 9 月，第 66 届联合国大会预防和控制非传染性疾病问题高级别会议在纽约举行，会议通过了《关于预防和控制非传染性疾病的政治宣言》，首次对攻克心脏病、脑卒中、癌症、慢性阻塞性肺疾病和糖尿病等慢性病所采取的具体行动达成共识。2011 年初，《柳叶刀》（The Lancet）杂志慢性病行动小组和慢性病联盟组织百余名著名学者，在总结各国慢性病防治实践的基础上，提出了应对慢性病危机的五个优先行动：①国家与国际范围的持续最高水平的政治领导；②针对烟草和其他共同危险因素的预防行动；③在初级卫生保健中推广使用可负担的基本药品；④国际合作；⑤评估和进展报告的责任承担与监控系统。同时推出的五项优先干预措施分别是：①控烟；②减盐；③改善膳食与增加身体活动；④减少有害饮酒；⑤推广基本药物与技术（孔灵芝，2012）。

近年来，国际上在慢性病的病因学、分子水平上的发病机制、治疗与预防等方面取得了长足进展。特别是近年来，多学科的交叉融合，分子流行病学、生态流行病学、循证医学、循证保健学的兴起，使得慢性病研究

有了更大的空间和前景。澳大利亚、加拿大、英国和美国等国家开展以降低危险因素水平、生活方式干预为主要措施的社区防治，有效降低了心血管疾病的危险因素、发病率和死亡率，取得了显著成效。韩国、芬兰、波兰等国家通过综合防治，心血管疾病死亡情况也得到持续改善。德国把慢性病预防纳入社会保障体系，形成了良好的政策导向，防治成效显著。美国在过去的一个世纪中积极探讨高血压和心血管疾病的防治策略，投入巨资进行公共卫生、基础医学、临床医学领域的科学研究，近十多年，美国高血压患病率一直维持在 29% 左右。

相对于慢性病而言，癌症是目前人类尚未攻克的难题，也是目前人类最主要的致死原因。癌症的发生是多基因、多步骤的过程，其具有基因组的不稳定和突变、抗细胞死亡（凋亡、自噬等）、细胞能量代谢失衡、维持增殖信号、逃避生长抑制、逃避免疫破坏、获得无限增殖的复制能力（抗细胞衰老）、促进癌症的炎症反应、激活组织浸润和转移、诱导血管生成等特征。目前，外科手术、放射治疗（简称放疗）和传统细胞毒药物化学治疗（简称化疗）仍是治疗癌症的主要方法。近些年，癌症治疗取得了一些显著进展。一是针对不同信号通路的分子靶向药物的研发取得进展。靶向药物治疗癌症较传统细胞毒药物治疗专一性强，不良反应小，在临床上的应用日益增多。10 多年来，有超过 60 种抗癌药物获得了美国食品药品监督管理局（Food and Drug Administration，FDA）的批准，其中大约有 40 个为新型靶向药物。二是随着抗原提呈机制与细胞对特异性抗原识别机制的揭示、众多重要的人细胞因子及其功能的发现、分子克隆与细胞克隆技术的发展等，细胞免疫疗法（cellular immunotherapy，CI）能够靶向癌细胞而不伤及正常组织细胞，并可产生免疫记忆来预防癌症复发，成为癌症等疾病临床治疗的新思路，有可能成为癌症治疗的第四种方法。目前，癌症的免疫治疗大都处于动物实验或临床Ⅰ、Ⅱ期试验阶段，但研究成果显示，细胞免疫治疗具有十分诱人的前景（张煜等，2012）。

随着社会的发展，人类预期寿命延长，社会老龄化现象日益加重，阿尔茨海默病、帕金森病等神经系统疾病患病率呈明显上升趋势。截至2009 年，全球约有 3500 万名阿尔茨海默病患者；至 2050 年，预计世界上每 85 人中即有 1 人患该病。2005 年时,世界上 50 岁以上患帕金森病的人数为 410 万～460 万;预计到 2030 年,全世界帕金森病患病人数将上升到超过 2 倍,达到 870 万～930 万。迄今,这两种疾病的病因和发病机制尚未明确,也很难治愈,只能以预防为主。为此,欧美等许多国家和地区积极开展这两种疾病的病因、危险因素、发病机制、干预与治疗策略的研究。同时,世界卫生组织也将这两种疾病上升为全球普遍防控的重点疾病。

**(二)环境污染与人类健康关系综合评价技术及相关疾病防治技术日益受到重视**

世界卫生组织最新数据显示,空气污染问题导致全球每年 330 万人死亡,其中将近 3/4 死于由空气污染所引发的脑卒中和心脏病,另一部分人死于呼吸道疾病和肺癌。英国《自然》(*Nature*)杂志近日刊登的一篇文章称,空气污染所造成的死亡人数,比疟疾和艾滋病致死人数总和还要多;在很多国家,空气污染的致死率比交通事故造成的死亡率高出 10 倍(刘皓然,2016)。世界卫生组织发布的数据还显示,空气污染导致的疾病和死亡给欧洲造成了巨大的财政损失,2010 年高达 1.6 万亿美元。为此,许多国家和国际组织非常重视开发环境污染与人类健康关系综合评价技术及相关疾病防治技术。这标志着由传统的污染后末端治理向污染前预防管理的战略转折。许多发达国家和国际组织都制定了相关法律、规章及指南,并提出各种环境及人类健康风险评价、管理、监测的技术方法。美国国家研究理事会在环境健康风险评价及管理等方面做了大量开创性工作。美国总统与国会风险评价和风险管理委员会在 1997 年颁布的《环境健康风险管理框架》(*Framework for Environmental Health Risk Management*)是最具影响力的技术框架,反映了国际风险管理的"最高水平"。加拿大建立的《人群健康风险管理综合框架》(*An Integrated Framework for Population Health Risk Management*)基础由决定健康的因素构成,包括促进健康、人群健康和风险评价/管理等多方面。欧盟建立的《EU 89/391/EEC 鼓励改善工作场所工人安全和健康的措施指南》(*EU 89/391/EEC Council Directive on the Introduction of Measures to Encourage Improvement in the*

Safety and Health of Workers at Work）是保护工人职业安全和健康的通用技术方法。为处理突发环境污染事故，英国帝国化学公司（ICI）开发了用于工厂火灾、爆炸及毒性危险性评估的 MOND 评价法（简称 ICI MOND 法）。澳大利亚在 2002 年发布的《环境健康风险评价：环境危害的人类健康风险评价指南》（Environmental Health Risk Assessment: Guidelines for Assessing Human Health Risk from Environmental Hazards）是澳大利亚用于环境健康风险评价的国家标准，包括风险识别、危害评价、暴露评价、风险表征和风险管理等相关的技术指南。我国也建立了适合我国特点的环境污染的健康损害调查技术规范，包括确定了环境污染健康损害调查工作流程、调查方案内容、环境污染调查的内容与方法、环境污染健康损害识别的内容与方法，建立了环境污染的健康效应分类及健康损害调查指标、暴露调查的内容与方法和关键污染因子的认定原则与方法等。目前，在应对突发性环境污染事故方面存在的主要问题为缺乏风险源识别及风险防范的系统研究，难以实现有效防范；预警与模拟系统落后，无法快速、准确预警；应急处理处置技术匮乏，应急处理困难。

### （三）世界发达国家高度重视食品安全防控体系的建设

在食品安全风险监测体系方面，美国和欧盟的食品安全风险监测体系中最显著的特点就是高效、快速的监测网络系统，该系统在国家和国际污染物的监测和食源性疾病暴发事件中发挥了重要作用。在食品安全风险评估体系方面，科学和风险评估是美国等发达国家食品安全政策制定的基础。他们注重从机构、风险评估能力、技术和人才队伍等方面加强食品安全风险评估体系建设，使其在保证食品安全方面起到了重要作用。在食品安全预警体系方面，世界卫生组织"全球疫情警报和反应网络"（GOARN）、"化学事件预警及反应系统"，欧盟的"食品和饲料快速预警系统"（RASFF）等形成了一个覆盖面宽大的巨型网络，体现出食品安全高科技、大系统的现代预警特征。在食品安全标识与溯源体系方面，美国国家动物标识系统（NAIS）、欧盟各国建立的牛及牛肉标识追溯系统、澳大利亚国家畜牧鉴别系统（NLIS），实现了畜产品从牧场到屠宰场的全程跟踪监测，在保障食品安全方面起到了重要作用。在食品安全信息查询体系方面，美国 NAIS 系统（其数据库包括国家养殖场信息库和国家动物记录信息库）、澳大利亚 NLIS 系统等对录入的信息有统一的标准，由国家对其进行管理、分析，并开始或已经制定法律以支持系统信息的真实性。

### （四）个体化医学（精准医学）正在成为医学发展的主要研究方向（包括分子影像、基因编辑）

随着人类基因组计划完成及二代测序技术兴起，生物信息学数据量得到了急剧扩增。然而，在编译、组织和处理这些数据的效率，提取能真实反映生物过程的数据，通过数据洞察人类健康和疾病等方面，并未能保持同步进展，导致部分信息闲置并不断增加。2011 年，美国国家科学院出版的《朝向精准医学：建立生物医学研究的知识网络和新的疾病分类学》（*Toward Precision Medicine: Building a Knowledge Network for Biomedical Research and a New Taxonomy of Disease*）提出，基因组学成果促进生物医学信息学和临床信息学的整合，从而迈向精准医学的时代（何明燕等，2015）。

精准医学是依据患者内在生物学信息及临床症状和体征，对患者实施关于健康医疗和临床决策的量身定制。2015 年，美国总统奥巴马提出了"精准医学计划"（Precision Medicine Initiative）。该计划包括四个要素和五个具体内容。四个要素分别为：①精确（对合适的患者给予合适的治疗）；②准时（医疗只有在合适的时间才是真正合适的，体现了预测医学和预防医学的含义）；③共享；④个体化。五个具体内容分别为：①启动百万人基因组计划；②癌症的基因组研究；③建立评估基因检测的新通道；④制定一系列的相关标准和政策保护隐私和数据安全；⑤公私合作。大规模、多水平组学技术（如蛋白质组学、代谢组学、基因组学、转录组学及表型组学等）及计算机分析大数据工具的快速发展，为精准医学提供了强有力的技术基础。临床信息学技术的进步（如电子医疗病历的普及），也为获得详细的临床数据并对接生物医学大数据提供了可能。精准医学的发展将对健康医疗水平的提高有巨大促进作用。事实证明，精准肿瘤学是精准医学的领头羊。肿瘤研究已从癌症基因组的系统研究中获益，这些研究揭示癌症基因影响细胞信号、染色体、表观调节及代谢等。上述部分研究正在转化为临床实践。

随着精准医学的提出和相关项目的开展，国际社会对此极为重视，专家提出医学新时代的序幕已经拉开。2012 年，国际合作项目"千人基因组计划"项目组在《自然》(Nature)杂志发表了 1092 个人类基因数据，绘制了人类基因组遗传变异整合图谱，表明人群中存在大量的遗传变异，这有助于理解不同人群背景及影响药物代谢的遗传学变异。2013 年，英国首相卡梅伦宣布实施"十万人基因组计划"，并声称该项计划获得的信息将会作为免费资源公之于众。这些遗传信息还会与受试者临床医学表型信息关联，有助于研究者发现与临床状况有关的基因信息，并开发新治疗策略，实现精准医疗。

此外，其他大型转化医学项目还包括肿瘤基因图谱、DNA 元件百科全书，以及人类蛋白质组计划（human proteome project，HPP）等。HPP 计划旨在深入理解人类基因组计划预测的约 20 000 个人类蛋白质编码基因。近期，以染色体研究为中心的 HPP 计划（chromosome-centric human proteome project，C-HPP）及基于人体组织的 HPP 图谱（tissue-based map of human proteome）已取得一定进展。C-HPP 计划深入、系统地分析了各种已知和遗漏的染色体蛋白质组织/细胞、亚细胞定位及与人类疾病（如免疫性疾病、代谢性疾病及癌症）的关系。基于人体组织的 HPP 图谱鉴定了药物相关性蛋白、癌症蛋白及不同组织器官的代谢差异。

尽管当前不断涌现的大数据对精确诊断和药物研发等具有重要的促进作用，但建立疾病知识网络和新分类系统任重道远，仍然需要更深入的精准医学研究。疾病知识网络将成为一份整合性信息共识，以方便搜索个人基因组、转录组、蛋白质组、代谢组、表型组、临床症状体征数据、实验室检查、环境暴露及社会经济学因素等相关信息。知识网络的建立是对疾病发病机制及治疗的深入理解，将驱动疾病新分类系统的发展，从而定义疾病亚型。疾病基因学的复杂性决定了单一的组学研究很难系统且完全地解释疾病的整体生物学行为，从而进行精准的疾病细分。因此，不同组学及组学的整合研究是开发疾病新分类系统的关键。

**（五）再生医学正在成为世界各国生命科学和临床医学研究的重点，有望为人类攻克目前难以治疗的疾病带来福音**

再生医学是指利用生物学及工程学的理论方法创造丢失或功能损害的组织和器官，使其具备正常组织和器官的结构和功能，涵盖了基于新型仿生材料的组织与器官构建技术、基于干细胞的体内外组织与器官再造技术，以及基于转基因动物的人源化异种器官构建与移植技术等。组织工程是将功能细胞和可降解的三维支架材料（人工细胞外基质）在体外联合培养，构建成为有生命的组织和器官，然后植入体内，替代病损的组织，恢复其形态、结构和功能；或构建一个有生命的体外装置，用于暂时替代病损器官的部分或全部功能（王正国，2010）。

国际上组织工程的研究方向主要集中在以下三个方面：①实现种子细胞的体外快速、高效扩增；②解决细胞外基质的人工模拟物——支架的性能优化问题；③优化组织工程组织/器官的构建及环境构建。除此之外，生物医用材料还涉及基因控制和活化材料。目前，有前景的研究主要集中在诱导性多能干细胞（iPS 细胞）方面，未来有可能在干细胞基础研究、疾病模型等研究领域取得新的突破。体细胞重编程技术可为更多的患者提供特异性的多能干细胞，且不涉及伦理问题，在医学应用方面有广阔的前景。通过多种技术方法建立的人源化动物作为供体器官的来源，可以减少受体的固有免疫应答，减轻免疫排斥反应。人源细胞可以在免疫缺陷动物体内嵌合、增殖，形成特定的组织形态，因此免疫缺陷动物可以作为人源细胞、组织的异种增殖环境，有望应用于人源化异种器官构建的研究。组织工程学和干细胞研究的快速发展，将再生医学提升到一个新的高度，因而成为国际生物学和医学中备受关注的研究领域。

合成生物学这一概念最早由西方国家提出。自 2000 年以来，合成生物学已经取得了很大的进展。例如，美国已经发展出以细胞为基础的生物合成系统，用于药物的合成和加工。基因工程大肠杆菌、酵母菌、植物和其他细菌已被应用到药物生产。此外，合成生物学也极大地促进了 DNA 测序速度的提升。据相关研究显示，相比于 20 年前，DNA 测序的速度已经大大提升，单在 2011 年内，完成测序的物种总数就高于之前 25 年测序物种数的总和。

基因组编辑技术（genome editing）是一种在基因组水平上对 DNA 序列进行改造的遗传操作技术，通过非同源末端连接（nonhomologous end joining, NHEJ）和同源重组（homologous recombination, HR）两种修复途径，可以实现三种目的的基因组改造，即基因敲除、特异突变的引入和定点转基因。当前，CRISPR 基因组编辑技术最具代表性，前景也最为广阔。

组织 / 器官的缺损或功能障碍严重影响了人类生活质量和平均寿命。目前，临床常用的方法，诸如手术重建、人工材料置换、应用辅助性医疗设备及进行组织 / 器官移植等，均存在诸多不足。科学家们曾尝试应用生物相容性高的天然高分子材料来修复受损的组织。迄今，除了大脑和胃，人体其他组织 / 器官几乎都已尝试采用组织工程的方法进行重建，并取得不同程度的进展，组织工程皮肤和软骨已应用于临床；组织工程骨、血管、气管、膀胱等临床应用研究也有所报道；组织工程角膜、胰腺等的实验室研究也取得了一定的成果。国际上，生命科学领域相关的生物材料发展状况主要与仿生材料化学、仿生生物学、生物矿化机理、药物缓释系统和生物传感器等领域的研究进展密切相关。

### （六）药物工程关键技术对一个国家、区域、行业或企业的综合竞争能力起着至关重要的决定性作用，一直受到各国政府的高度重视

国际上，欧美等发达国家和地区利用系统生物学在疾病相关基因调控通路和网络水平上对药物作用机制、代谢途径和潜在毒性等进行了多层次的研究，能在细胞水平上全面评价候选化合物的成药可能性。近年来，高容量筛选（high content screening, HCS）方法的创立是这个领域的重大进展。HCS 方法可在保持细胞结构和功能完整性的前提下，检测被筛选样品对细胞的生长、分化、迁移、凋亡、代谢途径及信号转导等的影响，并从综合实验中获取大量相关信息，确定被筛样品生物活性和潜在毒副作用。

抗体工程药物是新药研发领域的热点，其前景广阔，市场占比不断提

高。在来源方面，抗体工程药物已从鼠源过渡到人源；在结构方面，已从抗体本身过渡到抗体类似物、抗体片段、单区域抗体、多价抗体和抗体药物偶联物等；在制备工艺方面，正在从免疫动物获得向基因重组方向过渡。

目前，转基因动物广泛应用于基因的结构与功能、基因的表达与调控、疾病的动物模型建立，以研究人类疾病的发病机制及分子机制等。除此之外，转基因动物的一个十分重要的用途就是用于生产重要的蛋白质药物，即转基因动物制药。转基因动物制药是继微生物发酵和哺乳动物细胞培养技术之后发展起来的新型基因工程制药生产模式。自 2006 年以来，多种通过转基因动物制药体系生产的重组蛋白药物相继在欧盟和美国获准上市，进入临床试验的蛋白药物也已达 10 余种，全球从事转基因动物制药研发的企业达 30 多家，国际转基因动物制药产业正迅猛崛起。

20 世纪 70 年代后期，随着 DNA 重组技术的问世，诞生了基因工程药物，高产值、高效率的基因工程药物的出现给药物的生产带来了一场革命，推动了整个医药产业的发展。

病原体耐药问题已成为全球危机。为遏制病原体耐药，全世界各个国家正在努力寻找病原体耐药的规律，总结用药的策略和方法，尽可能延长药物的有效周期。为防止和减少耐药菌的产生，除了合理用药外，还需要不断地改进和研制新型抗生素。科学家们正在研发新的治疗措施和预防方法，如靶向对抗特定细菌毒素的药物或新的疫苗。科学家们希望通过新设立的中亚和东欧抗生素耐药性监测网络（CAESAR），建立一个国家系统网络，在世界卫生组织欧洲区域的所有国家中监测抗生素耐药性，开展标准化的数据收集，使信息能够进行对比。近年来，研究人员采用两种强大的新型武器——CRISPR 基因编辑系统和 CombiGEM 遗传扫描系统，来应对超级细菌。

**（七）中医药学是中国对世界和人类的贡献，对中药资源的保护和发展先进制药及疗效评价技术，已成为中医药走向世界的必然要求**

中药资源的可持续利用和综合开发面临着一个新的发展时期。应充分运用现代科学技术对中药资源进行保护、创新及再生。同时还应密切结合现代分子生物学技术及现代科技手段，以科技为先导，通过诸如中药分子标识育种、利用转基因植物生产活性物质、组织细胞培养与药用植物快速繁殖、药用植物基因工程等方法，实现中药资源的长期可持续发展战略（陈丹等，2003）。

中医药制药是按照组方原则，通过选择合适药物、酌定适当剂量、规定适宜剂型及用法等一系列过程加工生产而成，遵循中医"理法方药"理论，按照"君臣佐使"结构组成，形式上表现为药物组合，内涵上反映中医药理论。组分中药以中医药理论为基础，是开发中药创新制剂的一条有效途径。方剂配伍具有多重现代科学内涵，其中化学内涵反映了方剂配伍后化学成分间的相互作用。中药复方现代研究需要综合考虑方剂配伍的多重现代科学内涵，系统揭示中药复方内在规律性，从而推动中药复方现代研究发展。方剂学研究分为方剂现代基础研究和源自方剂的创新药物研究。配伍规律研究致力于通过拆方、组分敲除等实验手段诠释"君臣佐使""七情合和"等配伍规律的科学内涵。目前大多数复方药物的剂型还停留在普通制剂，生物利用度较低，而高效、长效的制剂极少（徐砚通，2015）。

中医体质辨识以中医理论为指导，将中医的宏观思维与生命科学的微观研究法相结合，探讨体质与相关疾病的关系，以期明确不同个体体质形成机制和规律及纠正不同病理体质。目前，国际上对个体差异的辨识主要集中在基因测序、蛋白测序、肠道微生态检测等技术层面。开展中医体质辨识的物质基础研究，在体质分型的基础上开发芯片等辨识工具，有助于提高体质辨识的准确性，将为疾病预测、预防、诊疗提供新的路径。

随着重大疾病及慢性病发生率逐年上升，预防疾病比治疗疾病更为重要，医疗保健策略正逐渐从"以治病为主导"向"以预防为主导"转变。2007 年，吴仪副总理在全国中医药工作会议上第一次建议把"治未病"作为一个课题来研究[①]。"治未病"是继承发扬中医药学术思想、彰显特色

---

[①] 参见：吴仪，推进继承创新，发挥特色优势——坚定不移地发展中医药事业，2007 年全国中医药工作会议。

优势、拓展服务领域的重要手段,"治未病"工作的开展将构建起以"养生保健、延年益寿"保障健康为核心的理论体系,形成简便易行、疗效迅速、方法灵活的丰富多样的诊疗技术及干预手段,将有效发挥中医的预防作用,中医药的服务范围也将会进一步扩大(唐莉,2010)。

中西医对于精准医学有着不同的侧重点,中医主要围绕"病的人",以证候类型体现患者的个性特征,在方证相应与随症加减方面体现干预手段的不同。精准医学的理念与中医"同病异治"的理念是相通的。中医学走向"精准"是技术层面升级——客观地依症状、体征辨证,准确地依证用药遣方,辨证论治。

### (八)以数字医学为代表的医学工程技术为医学和健康领域带来了颠覆性的变化

数字医学的出现与发展极大地提高了医学相关信息的获取与处理能力,也为有效治疗提供了新的支撑。数字医学将数字技术、计算机技术、通信技术、人工智能及虚拟现实等在内的信息技术与健康、医学需求相结合,探索以数字信息为主的相关技术在健康与医疗领域内应用的规律与方法,形成生命体及相关群体的数字信息采集、存储、处理、传递及利用、共享等方面的新理论、新知识、新技术和新产品。人机接口技术是数字医学的重要研究内容,是指人与计算机等人工信息装置之间建立可以交换信息的联系,使得人们能够以直观、自然的方式深入观察、操纵、研究、浏览、探索、过滤、理解大规模多模态的医学数据,提高对于复杂精密医疗器械的操控能力,将人为失误最小化。

近年来,数字医学中的移动医疗技术发展迅速,从根本上改进了医院内信息传递、梳理的效率和质量。而且,随着移动技术和小型化医疗器械的发展,移动医疗技术将走出医院,惠及面进一步扩大,从根本上改进就医模式、促进高效健康管理模式的形成。随着穿戴传感技术与信息技术(尤其是移动互联技术和微纳米技术)的融合发展,人体各种生命健康信息的采集已经打破了空间和时间的限制。以可穿戴无线生物传感技术为核心、以移动健康-智能手机为平台、以健康大数据分析为支撑等重大信息技术的超级融合，将引领医学从疾病预防、诊断到治疗的一次新的革命性发展。

基于声、光、电、磁的新型检测与成像技术有可能提供微观层面信息，提供细胞分辨的组织和网络成像结果，从而提供连接微观和宏观的桥梁。以分子影像和功能影像为手段，研制具有精准靶向成像功能、以影像引导的外科手术或介入治疗为目的的人体声、光、电、磁等多模态成像检测系统，可实现非侵入式的活体病灶实时动态的高灵敏快速示踪和多模态监测与治疗。

以检测疾病发病和治疗过程中的关键小分子、蛋白和细胞靶点为目标的分子诊断技术为肿瘤、心血管疾病、代谢性疾病等的诊断、治疗和预警等提供了全新的解决方案，这些生物标志物检测技术的发展将大力推动体外液体活检技术在临床上的应用，在未来无创液体活检技术将有可能代替传统的组织活检或外科手术等侵入性检测手段对疾病进行诊疗。微创介入治疗器械所使用的各种高分子材料属于高附加价值产品，不仅要求产品具有较高的质量和稳定性，而且对生物相容性等也有严格要求。

医用机器人与手术导航系统在临床中具有巨大的应用潜力，将机器人技术应用于外科手术可以提高手术的质量和效率。其不仅能协助医生完成手术部位的精准定位和精确操作，还能有效减少术中副损伤发生，提高手术精度，缩短手术时间，降低手术成本。智能化、人机协作成为新一代医疗机器人发展的核心特征。

在生物医学领域，3D 打印技术在国际上的研究聚焦于器官模型的制造与手术分析策划、个性化组织工程支架材料和假体植入物制造，以及细胞或组织打印等方面。

**（九）整合医学以患者为中心，利用医学信息技术，成为一种新型的医疗模式**

随着医学的发展和对疾病研究的不断深入，西方临床医学开始关注到疾病-器官-人体之间的不可分割性。西医的疾病分科治疗模式遇到了诸多瓶颈，因此西方医学界掀起了一场医疗模式的自我改革，进入医学发展从专科化向整体化发展的新阶段，继而整合医学的理念在西方医学界被广泛推行。

整合医学（integrative/integrated medicine, IM）也被称为整合医疗（integrative/integrated health care）。作为一门实践医学，整合医学强调医生和患者之间沟通的重要性，以患者为中心，提供有论据支撑的一切有用的适宜治疗的建议来使其获得最优良的健康和治疗。目前，美国已有 60 多家医疗中心成立了整合医学学术健康联盟，并且在诸如哈佛大学、约翰·霍普金斯大学、杜克大学等大学的医学院均成立了整合医学培训中心。整合医学旨在通过个体化的、以循证为基础的临床治疗、医学研究和培训等手段，使患者及其家人成为自身身体、精神和社会健康的积极参与者，达到加强健康、改善生活质量和临床治疗结果的目标。整合医学的特征主要有以下几点：①西医和替代医学的集合；②重视医生与患者之间的关系；③以保健和康复为目标；④在方法上强调整体论；⑤以循证医学为基础；⑥优化治疗方案；⑦治疗的有效性和安全性；⑧身体自然愈合反应；⑨不同医生之间的协同合作。

目前，国际较为先进和经典的整合模式主要有以下两种：一是将补充与替代医学与西医的重要影响因素（既指基于生物医学的证据，又指基于经验的证据）进行有选择的结合；二是选择那些有医学证据支持的补充与替代医学（仅指生物医学证据）融入西医之中。医学的分类和分科越来越趋于细化，医学人才的培养也趋于专科化，这造成部分医生视疾病为某个器官或系统的病变，而忽视整体，使诊断和治疗较为局限。

现代传感技术、云计算、大数据、移动互联网、物联网融合发展，为现代医疗事业发展提供了更加广阔的空间，也为整合医学的发展提供了可能和技术保障。世界卫生组织指出，迅速发展的信息化技术作为科技服务的先进手段，正影响着人们的健康。全球信息通信技术、互联网蓬勃发展，人们对个人计算机、手机、移动互联网等应用与产品的使用越来越频繁，每个人都成为数据的创造者（中国信息产业网，2015）。这些数据正以前所未有的速度增长，我们迎来了医疗健康的大数据时代。健康/医疗行业在互联网发展的推动下迎来重大变革和机遇。以大医院为中心的医疗模式正在逐渐过渡到以社区卫生为中心的社区医疗模式，未来将从以社区卫生为中心的社区医疗模式过渡到以个人为中心的普适医疗模式。

整合医学不仅是国际医疗改革的新趋势，而且在经济学和医学上都有坚实的理论支撑。例如，美国的健康维护组织（Health Maintenance Organization，HMO）和英国的国家医疗服务体系（National Health Service，NHS），使服务提供方和保险方的利益相一致，可以促使医疗机构以控制成本为目的（李玲等，2012）。英国是整合医学的先行者，较早地建立了医院联合体。此外美国、加拿大、新加坡、瑞典、新西兰等国家也在 20 世纪纷纷提出了整合医疗体系的概念，并付诸实践。1999 年亚利桑那大学和其他 8 所医学院校成立了整合医学学术中心，后更名为整合医学学术联合会，致力于推进整合医学在医学院校的开展，发表相关学术论文，资助开展研究和召开学术会议，并推动将替代医疗等整合医学方法纳入临床治疗中，现在已有 62 个北美医学院校成员（美国医学院校的 40% 是其成员），整合医学也随之得到广泛的国际认可。

**（十）认知与行为科学的研究成果能够深化对人类大脑功能及其工作机制的认识，越来越得到各国政府的重视**

精神医学是现代医学的分支及重要组成部分。据世界卫生组织推算，到 2020 年我国精神疾病负担将占到疾病总负担的 1/4 以上（卫生部等，2003）。2010 年 1 月，《自然》（*Nature*）杂志主编 Philip Campbell 提出，将未来 10 年定为"精神障碍的 10 年"。2011 年，《自然》杂志发表评论文章《全球精神卫生面对的巨大挑战》（*Grand Challenges in Global Mental Health*），将全球对精神健康问题的关注度提升到前所未有的高度。认知与行为科学的研究越来越得到各国政府的重视，其成果不仅能够深化对人类大脑功能及其工作机制的认识，还能够为精神疾病和神经疾病的预防和治疗提供全新有效的技术（李凌江，2015；曾毅等，2016）。在此背景下，精神医学迅速发展，通过多方面技术的创新和应用，使精神医学的诊断、识别、治疗等从单一手段向多元化方向发展，并在各方面都取得了一定的突破。

表观遗传变异也与精神疾病有着密切的相关性。环境和遗传可能是精神障碍发生、发展两个最为重要的因素，然而，环境因素是如何损伤大脑而导致精神障碍的机制尚不清楚；而遗传因素与精神障碍的关系至今还没有找到确凿的特异性证据。新一代基因测序在精神疾病发病机制的研究中已经得到了广泛的应用，这些研究进展提供了有关疾病机制和潜在治疗靶标，因而对选择药物干预靶基因的功能有重要意义。随着影像学技术的不断发展，从常规观察大脑结构变化到如今利用这种先进无创技术对患者大脑结构、功能、脑代谢产物等多方面的综合观察，对未来精神疾病的诊断和病因探究起到关键作用，同时还可以达到对疾病进行鉴别的作用。

寻找以阿尔茨海默病（Alzheimer's disease，AD）为代表的老年失智综合征的确切病因及有效治疗方法仍然是国际上脑科学基础研究的热点及难点问题。虽然研究发现了一系列与 AD 易感性相关的基因，但它们与 AD 的关系及作用机制目前仍存在争议，无法广泛应用于临床。针对中国人群的大样本 AD 遗传学研究具有重大意义。近些年，研究人员一直在寻找新一代更有效更安全的疫苗，如针对 tau 蛋白的靶向疗法。除胆碱酯酶、β 淀粉样蛋白（Aβ）及 tau 蛋白等作为 AD 治疗的重要靶点外，干细胞治疗也为 AD 提供了新的治疗途径。

尽管我们对于这些疾病的了解取得了一定的进步，但仍然缺乏有效的干预措施。随着人口老龄化带来的老年失能、失智患者增多，全球的医疗负担、经济负担和社会负担越来越重。许多国家已经制定了国家计划，以解决老年失能、失智问题带来的科学、社会、经济和政治挑战。"预防阿尔茨海默病 2020""人类脑计划""使用先进革新型神经技术的人脑研究"（Brain Research through Advancing Innovative Neurotechnologies，BRAIN）等计划的实施，将极大推动神经科学领域研究技术的创新与发展。

目前，人工智能学科已经奠定了若干重要的理论基础，并取得了诸多进展，如机器感知和模式识别的原理与方法、知识表示与推理理论体系的建立、机器学习相关的理论和系列算法等。随着存储能力的不断扩展及大数据技术的发展，特别是脑科学和类脑科学相关领域的飞速进展，人工智能进入一个新的发展阶段。2005 年，人类首次构建了大鼠海马亚区的分子图谱；2012 年，实现了正常人脑分子图谱的构建；2014 年，构建出人类胎儿妊娠中期大脑基因表达图谱；同年，小鼠大脑神经元连接图谱也完成。这些研究结果将有助于探索人类大脑的神经元环路，从而加深人们对于人类大脑神经环路连接方式和相关疾病的了解，同时也为人工智能及大脑模拟研究奠定基础。类脑研究同样取得了显著的成绩，2005 年，美国创建了大脑皮质回路的详细模型；同年，瑞士发起了"蓝脑计划"，经过10 年的研究，对鼠脑精细的微观神经元及其微环路进行建模，并较为完整地完成了特定脑区内皮质柱的计算模拟。然而，人工智能当前的发展遇到了一些瓶颈。例如，人工智能技术尚不能模拟人类大脑的复杂机制和工作模式；机器学习方法不灵活，需要大量人工干预；人工智能的不同模态和认知功能之间交互与协同较少；机器的综合智能水平与人脑相差较大。人工智能与脑科学有很密切的关系，但至今人工智能与脑科学还没有真正衔接上。要突破这些瓶颈问题，需要新一代人工智能及大脑模拟技术的革命。

### （十一）生殖医学关系人类的繁衍和素质的提高，成为世界各国不断研究的重点领域

避孕节育已成为发达国家成本效益最高的健康干预方式之一，既保障了育龄妇女的健康，又节省了医疗资源。在发展中国家，目前约有 2.2 亿名育龄妇女无法及时获得所需的避孕节育技术。我国在避孕节育科技领域的研究，主要集中在人类生育调控机制及避孕节育新靶点的鉴别、避孕节育新技术新产品的研发和引入推广、常用避孕节育适宜技术的评价和优质服务模式的建立等方面。发现了一批潜在的非激素类避孕药物的候选靶分子，多种具有我国自主知识产权的新型避孕药具已进入临床研究阶段，还有多种新产品已申报了新药临床批文；对宫内节育器等我国最常用的避孕节育技术进行了系统评价，筛选了适宜不同地区和不同人群使用的避孕节育技术，使我国成为国际上目前为数不多的具有完整而独立的

避孕节育科学研究、技术服务、药具产业支撑体系的国家之一；并做出了一些世界公认的贡献，既包括抗早孕药物米非司酮、负压吸宫流产术等新技术，也包括以活性宫内节育器（IUD）完全代替惰性 IUD 的科学决策。

在不孕不育领域，辅助生殖技术的发展在提高人类生殖能力、解决不孕问题方面做出了巨大贡献。特别是胚胎植入前遗传学诊断技术（PGD）通过对早期胚胎的部分细胞进行遗传学分析筛查，有效地预防了遗传病患儿的妊娠及出生，降低了出生缺陷率。目前，可通过胚胎植入前遗传学诊断技术诊断的单基因遗传病包括常染色体遗传性疾病、性连锁性遗传性疾病及线粒体疾病等共 30 余种，至今全世界已有超过 400 个健康的胚胎植入前遗传学诊断婴儿出生。

在出生缺陷治疗和研究方面，2012 年联合国千年发展目标首脑会议提出在全球推动"生命早期 1000 天"行动计划，将出生缺陷、儿童生长发育作为整体来进行研究与规划。国际主要发达国家高度重视环境因素对母婴健康的影响。以高通量测序为代表的新技术不断渗透，上百种遗传病突变基因联合检测、胚胎植入前单细胞全基因组测序及染色体病母血无创筛查等技术正在进入临床应用。先天遗传代谢病由于其高致残率已成为各国政府首要干预和解决的遗传病之一。2011 年，美国 FDA 批准世界上首个脐带血造血干细胞产品上市，主要用于儿童血液系统疾病和先天遗传代谢疾病的治疗。在出生缺陷的治疗方面，细胞治疗与组织工程修复正在显示其独特的优势，2011 年欧洲已经报道成功治疗病例，2013 年相关产品获得比利时和英国的批准开始临床试验。欧美等国家和地区采取税收减免、特殊注册审评程序、给予产品市场垄断权等措施激励企业进行遗传缺陷性疾病药物的研发，截至 2015 年 2 月，美国 3310 种罕用药（又称孤儿药）已有 483 种获批上市，为遗传病治疗药物研发带来希望。

**（十二）新发传染病的防控及其灵敏、有效的诊治技术永远是国际社会关注的研究热点**

新发传染病及生物恐怖带来的突发疫情不仅严重危害人体健康乃至生

命，而且给发展中国家和地区的畜牧业、旅游业造成毁灭性打击，导致极大的经济损失和社会心理恐慌，甚至有可能引发政治动荡。国际上一直都非常重视和加强生物安全及对跨物种传播新发传染病的预防和控制。目前，该领域的先进工程技术主要包括新发传染病的诊断技术和治疗技术、疫苗制备技术、人体微生态干预技术和高精密医疗仪器研发技术等。在新发传染病的诊断技术方面，除了通过 DNA 测序、抗体检测、病原体代谢产物和小 RNA（small RNA，sRNA）检测等技术手段来鉴定原有或者新的病原体之外，还出现了纸上 DNA 检测技术、微 RNA（micro RNA，miRNA）的异常表达筛查技术、血清长链非编码 RNA 检测和诊断技术等。在新发传染病治疗技术方面，全人源单克隆抗体制备技术及生物信息学预测技术、抗体药物偶联物研制成为目前传染病治疗研究的热点。同时，继抗病毒化学药物、植物药物之后，以 RNA 或多肽等为主的小分子药物的制备、筛选在防治新发传染病等方面都获得了较新的进展，具有很好的应用前景。此外，利用遗传材料片段——向导 RNA（guide RNA, gRNA）来引导切割细胞基因组中相应基因表达的 CRISPR/Cas9 技术已成为高效、可靠的基因编辑方式，可以有针对性地改变活细胞的基因组表达，如改变细胞表面的病毒受体的结构、分布及数量等，从而使细胞获得抵抗病毒感染的能力，通过基因标记后的细胞治疗可以逐步清除病毒感染，有效控制新发传染病。新型疫苗的研制仍然是目前控制新发传染病不可或缺的有效措施之一。目前，已经可以通过基因工程技术或结合生物信息学预测等，在短时间内构建出基因工程疫苗、嵌合活疫苗等，对于控制新发传染病等有重要价值。

## 二、前沿问题

### （一）生物与分子医学领域

（1）分子生物学和生物工程技术的发展，是精准诊断及疗效评价的前提和基础。分子生物学技术和生物工程技术的不断发展，推动了体外和活体的精准诊断及疗效评价。但分子影像学的发展滞后于分子诊断技术的发展，在采用高特异性分子探针、适宜的信号放大技术、高分辨率图像检测系统和快速图像处理及分析技术对活体组织细胞分子进行精准定位和检测方面还存在较大的缺陷。亟待开发高精密度、国产化的分子成像系统，并与分子检测技术联合用于疾病的早期预警、诊断、个体化疗效评价。

（2）利用基因编辑技术治疗疾病面临挑战。利用基因编辑技术治疗疾病需要解决或正在攻关的前沿问题主要有以下几个方面：①新的基因座控制区和调控机制的发现定位；②基因治疗载体的选择；③基因治疗的"脱靶"问题；④治疗基因的表达；⑤基因治疗安全性的保障；⑥基因治疗对其他药物的影响；⑦个体化治疗方案及评估手段的开发；⑧社会和伦理问题。

（3）生物医学大数据的个性化健康管理技术存在诸多攻关问题。主要包括开发进行数据集合、存储、处理、分析和读取的系统技术，其中包括与操作系统和数据库管理系统匹配的计算、互连和存储基础设施及新的数据处理技术。人类基因组测序结果未能有效地运用于医疗实践，能够广泛适用的癌症治疗方法尚未被找到，包括全基因组关联研究等常见的遗传变体与疾病之间关系的研究也仅取得了有限的成功，这些都是生物大数据技术有待攻关的前沿问题。另外，将所得到的数据进行合理的整合并分析，最终使个人拥有全面的健康信息，从而实现实时的个性化的健康管理，这也是未来需要解决的一大重要问题。个体化健康管理离不开智能可穿戴设备，而智能可穿戴生命体征传感器的开发仍处于初级概念实验原型阶段，需要进一步开发并投入临床试验。

（4）体液免疫和修饰性免疫细胞治疗新技术也是该领域需要攻关的前沿问题。其包括治疗性疫苗的研制、疫苗及佐剂等的创新研究、B 淋巴细胞免疫应答机制研究、免疫耐受与免疫逃逸机制研究、治疗性抗体筛选、抗体合理改造技术、扩展抗体药物免疫治疗范围等。

**（二）再生医学领域**

（1）干细胞与组织工程的应用面临诸多挑战。包括干细胞定向分化、维持和调控等机制尚不清楚；如何高效、快速、安全地获取用于疾病治疗的功能性细胞技术还不成熟；基础研究尚未有效地转化应用；干细胞的临床应用缺乏系统的理论指导，难以深入；在干细胞移植后细胞定植、增殖情况及移植细胞的功能评估等方面还需进一步完善。在人工组织器官构建中一些关键科学和技术问题，如细胞规模化扩增、生物支架的规模化植被、模拟体内环境等亟待解决。

（2）患者自体来源的种子细胞作为移植的供体细胞可以避免免疫排斥反应，可用于建立"个性化"医疗，构建出适宜患者自身临床移植的器官。但用于构建器官移植的供体细胞来源问题及人源化器官、组织的重建尚处于起步阶段，相关技术方法还不完善。

（3）异种移植中急性体液免疫排斥反应（AHXR）是主要的移植障碍，仅仅通过免疫抑制剂还不能很好地解决移植免疫排斥问题，必须通过基因修饰、降低免疫原性、建立免疫耐受等多渠道来寻求减轻免疫排斥反应的方法。

（4）建立小型猪或非人灵长类人源化器官模型，在肿瘤、心血管病、糖尿病、血液病、遗传病、营养代谢病、皮肤烧伤等方面具有不可替代的优势。基因修饰大动物疾病模型的建立、性状改良和人源化动物模型的创制迫切需要发展动物基因组定点修饰的精细基因编辑技术。

（5）基于干细胞介导的生物口腔及五官组织再生技术为新近研究热点。包括嵌合体牙的研制；口腔颌面部干细胞状态的维持和定向诱导分化；成体干细胞与细胞微环境的相互关系；应用生物反应器体外构建组织工程颌骨、牙齿及口腔功能重建；干细胞移植治疗不可逆眼病；应用组织工程化软骨及皮肤修复耳鼻喉组织缺损的研究；应用干细胞修复声带损伤；嗅鞘细胞与嗅感觉神经元再生技术；干细胞诱导的内耳毛细胞再生和分化研究等。

**（三）生物物理与医学工程领域**

（1）可穿戴移动医疗设备可应用于运动健身、疾病早期预测、早期诊断、远程监护及分布式个性化医疗。未来 20 年，可穿戴核心技术将从现在的运动检测及计量器向生理参数监测和生化参数柔性多模检测技术方向发展、从可穿戴监测向疾病控制及可穿戴康复技术的微型化、智能化、网络化、数字化和标准化的方向迅速发展。

（2）介入医疗所需材料和耗材均属于高科技含量产品，基于技术突破和共性技术的研发迫在眉睫。主要的研究方向包括生物安全性材料、高分子材料、机械和电子、基因治疗和药物治疗等多学科的发展和壮大。

（3）生物 3D 打印技术及生物 4D 打印技术的共性关键科学问题包括解析组织和器官的复杂结构与功能特性，解决细胞存活、组织再构建的问题，研究重构的组织在体内与其他器官相互作用影响问题；研究立体印刷技术实现对材料外部形态和内部微结构的精确调控，进而调控细胞的分布、材料与生物体的匹配，提高组织生物相容性问题；解决打印过程中血管组织的布局和组装，解析细胞与支架材料相互作用机制，构建具备功能性的、含有血管的三维结构等关键问题。

（4）口腔颌面部、耳鼻喉及眼的组织工程支架材料的研究，可为几乎全身所有组织，包括骨、软骨、血管、神经、肌肉、皮肤、角膜等的模型研究提供经验。加强对支架材料表面与细胞的相互作用机制的研究，采用表面仿生技术在其表面接枝细胞黏附识别多肽序列、将药物控释技术与支架材料相结合、提高支架表面生物活性等是未来的研究重点。深入进行支架材料的优化和选择，积极探索仿生化产品的开发，对组织工程与再生医学的发展具有积极而又深远的影响。

（5）循环肿瘤细胞检测是目前最具发展潜力的肿瘤无创诊断和实时疗效监测手段，临床应用价值极其显著。但其捕获和检测极有难度，且离体后不稳定，一般适用于较晚期患者，未来需要工程技术上的辅助手段来解决这些问题。

### （四）药物工程领域

该领域需要解决或正在攻关的前沿问题包括以下几个方面：①新药的研制，特别是新药研制的能力建设；②抗体的修饰、抗体大规模制备和抗体纯化技术；③基于系统生物学的药物研发预测平台的建设；④加强转基因技术在制药业中的应用，重点解决转基因药物安全性问题、蛋白质的加工修饰机制问题，利用人源化转基因动物开发和生产药用蛋白和抗体，建立健全该类药物的临床效果和安全性评价标准。

### （五）中医药领域

（1）中药资源需要有效的手段进行保护、创新和再生，进而使稀有资源得到保护及可持续利用，使用先进制药技术对中药进行开发，同时完善中药制剂的疗效评价体系。

（2）建立完善的"治未病"理论体系，构建以"养生保健、延年益寿"保障健康为核心的理论体系，形成简便易行、疗效迅速、方法灵活的丰富多样的诊疗技术及干预手段，有效发挥中医"治未病"思想的预防作用。

（3）构建基于中药特性的系列药物制剂技术，形成基于中药特性的系列评价技术体系。

（4）建立重大疾病及慢性病的精准医疗技术体系，进而提升疾病的诊断技术和治疗手段。

### （六）预防医学领域

（1）在环境污染与人类健康关系领域中，目前需要解决或正在攻关的前沿问题主要包括：大气污染成因及对健康影响与防控、污水治理、再生水安全回收利用、有毒有害工业废弃物处理、突发环境污染事故中风险源识别与监控技术、应急响应及处理等。

（2）在食品安全防控方面，主要前沿问题包括：食品污染物的灵敏、快速、高通量的检测技术；食品污染物对人群健康危害的生物标志物筛查与监测技术；非法添加物的非定向筛查技术（食品掺杂、掺假、真实性溯源检测技术）；食品链全过程安全控制技术。在精准化营养方面，首先需要制订精准化的膳食营养素参考摄入量（DRIs）和机体营养状况评价方法，建立简便、快速、高通量、经济的基因检测方法，建立营养-基因-疾病关系的基础数据库。

（3）在人体微生态干预技术领域，建立人体元基因组实时监测与数据挖掘新技术，用于发现更多的影响疾病的微生物种类、基因和代谢物；建立基于微生物组与人体互作关系的健康评估与测量新技术，用于发现影响人体代谢的关键功能细菌，建立可以预报疾病发展动向的健康评估与测量方法；建立重要肠道功能菌的分离培养与基因组获取新技术，用于分离具有基础研究价值和商业/临床应用潜力的关键功能细菌，并研究其生理代谢特点；建立基于无菌动物的模式动物技术及人体肠道微生物组重构技术，用于调控与优化人体微生物组的益生菌、益生元及药物的研发。

（4）在生物安全、突发传染病防控及跨物种传染病防控领域最为重要的问题是病原体与宿主的相互作用机制，该机制研究的突破取决于两个方面：一方面即人群的分子流行病学与群体遗传学；另一方面是新一代基因测序技术等高通量检测手段。其主要包括以边合成边测序为特征的新一代测序手段和人群中病原体易感性基因的筛选。

**（七）疾病防治领域**

（1）开展现代大型人群慢性病和衰老队列研究，明确我国慢性病和衰老的流行特征及影响因素，寻找适宜我国国情的慢性病和衰老防控措施。

（2）加速国产影像融合技术的研发，用于诊断、治疗和研究退行性神经系统疾病。

（3）诊断、治疗和预防是新发传染病控制的三个关键环节。其中：①筛选和鉴定出针对特定病原体的标志物，以及建立有效的针对有效标志物的检测技术与方法是目前传染病防控中的前沿问题，如高通量的病原体筛选技术、多重聚合酶链反应（PCR）-质谱联用技术、多重 PCR-液芯联用技术、流式荧光技术（液芯）、MASA$^{TM}$ 液相蛋白质芯片、病原体诊断基因芯片技术等新型技术的完善与应用可以促进传染病诊断技术的发展。②基于化学药物、植物药、抗体药物或者小分子药物等防控新发传染病，其重要前沿问题就是如何获得有效的药物作用靶点，以及筛选、制备出有效的防控新发传染病的药物。其中，病原体特异性的高通量药物筛选平台，以及药物制备技术的发展与完善是最重要的基础。③未来 10～20年，疫苗产业仍将成为世界医药产业发展的核心领域。重要传染病疫苗的相关基础免疫学研究是发展疫苗的关键环节之一。目前对这些病原体的致病机制，包括免疫保护、免疫病理及免疫逃逸机制等的认识还不十分清楚，这些研究对全面揭示病原体的致病机制及抗感染免疫机制具有重要意义，可为疫苗的研发奠定理论基础。因此，针对新病原体安全有效的疫苗的研发还有赖于基础免疫学研究的突破（谢忠平等，2007）。

### （八）认知与行为科学领域

（1）精神病学和精神卫生学已成为发展最快的临床学科之一，精神病病因学与诊断治疗的研究已从单一手段向多元化方向发展。针对精神心理疾病，强化临床医学和转化医学研究，突破一批早诊早治技术、规范化诊疗方案和个性化诊疗技术是精神疾病防治所面临的前沿问题。

（2）精确地描绘人脑图谱、神经网络及与脑功能相关的神经环路，阐明人类对外界环境的感知机制、对语言的认知机制，构建脑模拟平台，研发类脑人工智能软件系统等都是认知和行为科学领域里的前沿问题。

（3）由于人脑电信号的复杂多样性，脑机接口技术的研究和开发遇到了难以想象的困难，在脑机接口研究的理论方面也存在着还原论与整体论整合困难的问题。

### （九）生殖医学领域

（1）进一步提高避孕节育技术的可及性和有效率，以及开发新的技术手段和标准对胚胎和子宫进行准确的评价，提高辅助生殖成功率都是生殖医学领域亟待解决的重要问题。

（2）重大出生缺陷的产前筛查技术和水平有待提升；单基因病（约占严重遗传病的 20%）的无创产前诊断技术缺乏。

（3）在迟发性出生缺陷方面，对胚胎源性疾病的致病机制等方面的研究尚有待深入，缺少对配子发生、成熟和胚胎早期发育阶段至成人期疾病的发病机制研究。

### （十）口腔眼耳鼻喉领域

（1）口腔领域尚待解决的发育学前沿问题，主要包括：口腔颌面发育中基因调控的研究，不同时期的信号诱导及分子机制研究，神经嵴细胞分化调控及其在口腔颌面发育中的作用及应用研究，以及生物工程牙构造技术研究等。

（2）眼科领域尚待攻关的前沿问题主要包括：人类出生眼部缺陷的预防、早期诊断和治疗，视神经、视网膜等重要组织的发育和再生修复，眼部退行性疾病及干预等。

（3）耳鼻喉领域的前沿问题，主要包括：耳声发射及毛细胞能动性现象的探讨，以及耳聋的分子生物学研究。

（4）口腔及五官感染性疾病防治技术领域的前沿问题，主要包括：龋病疫苗、牙周病疫苗的防治和研发，细菌性、病毒性角膜炎的早期病原学诊断方法的改进，宿主基因因素在抗感染过程中的作用研究，细菌生物膜在感染性疾病发生发展过程中的作用，以及相应抗耐药菌新型抗生素的开发与应用等。

### （十一）整合医学与医学信息技术领域

（1）整合医学是未来医学发展的方向。传统的临床医学重视人体各器官之间的生理联系与病理影响，而现代临床医学越来越专科化、精细化，忽视了人体的整体性，影响了对疾病的诊疗效果。同时，现代临床医学普遍缺乏公共卫生防病的理念，不能满足居民日益增长的卫生服务需求，提高临床医学和公共卫生结合程度是各国政府发展整合医学需要面临的首要问题。加强整合医学学科体系建设，包括：临床医学与预防医学一级学科的整合；医学内部不同医学专科的基于疾病与多器官系统的二级学科的整合；将学科性质相似的专科融合在一起，将同一器官系统疾病的三级学科的整合。此外，整合医学学科体系建设还应包括医学与人文社会科学的融合。在实践当中，应开展高质量的补充与替代医学的临床试验，并科学评估整合医学干预措施效果。

（2）面向社区的健康大数据及智能健康管理系统。尽管大数据会给医疗健康产业带来诸多商机，但目前仍存在诸多难题，例如：医疗健康大数据无法实现有效的互联互通，过于分散局限，"信息孤岛"形势严峻；缺乏统一的医疗行业标准，数据混乱；主要集中于对数据的收集和存储，而数据的分析和应用还比较弱；等等。这些仍是医疗大数据时代面临的挑战。

（3）在网上医院和远程医疗网络体系方面。远程医疗虽然取得了一定的进展，但是目前仍存在一些问题需要解决。远程医疗需要跨系统整合，以及跨医院与跨区域平台整合，因此需要制定完善的操作标准和规范。此外，各专科的远程医疗的需求分析、架构设计和基础设施建设、服务站点建设、运行与维护、质量与监理等问题都需要解决。除了要为患者提供方便快捷的诊疗服务外，保险结算、医药配送和账户安全这些问题作为远程医疗平台的重要内容也都需要切实有效地解决。

（4）新型医疗管理科学及信息技术。当前我国医疗管理技术体系相对薄弱，软硬件和社会环境等条件尚不成熟。但从另一个侧面看，机遇和挑战并存，"互联网＋"模式发展迅速，公众对便利化的社会服务充满期望，我国吸收欧美国家医疗管理中的建设经验，总结不足，从国家层面建立完备的管控和信息技术体系具有广泛的信息技术和社会心理基础。从我国国情出发，结合世界范围的医疗管理信息技术发展来看，新型医疗管理科学及信息工程技术需要解决的核心问题包括：医疗信息技术的分散性、兼容性和交互性；医学大数据分析和决策技术；社会诊疗体系、医疗资源的分配和使用效率；新型医疗信息管理技术的市场化渠道和竞争机制等。

### （十二）法医学领域

现阶段法医学领域的科技前沿问题，主要包括：DNA 多态性与遗传表型关系；复杂亲缘关系鉴定；毒物毒品体内代谢规律及代谢组学；毒品依赖分子机制；复合因素引起死亡的分子机制；应激性损伤（死亡）；心源性猝死组织变化规律；环境人身损害等一系列基础理论难点和关键技术问题。

# 第二节　2035 年医药卫生领域工程科技发展图景

## 一、慢性病与传染病得到有效防控、组织再造已非难题，全球期望寿命大幅提高

慢性病防控实现可预防、可预测、个体化和社会个人积极参与，健康公共政策得到认真贯彻和执行，慢性病患病率增加的趋势得到有效遏制，人类健康水平得到大幅度提升。慢性病患者将接受包括远程监测、远程治疗方案调整、生活方式管理、可穿戴式给药在内的整体疾病管理方案的综合干预。针对慢性病预防、筛查、诊断、治疗、康复的适宜技术不断推出并逐步产业化。老龄化社会的到来，给医药卫生领域带来前所未有的压力，但老龄化所带来的相关产业也将得到空前发展，特别是针对老年的健康产业也将成为世界经济中的支柱产业。基于网络化和信息化的新发传染病的监控体系，高通量和快速鉴定新发传染病病原的鉴定技术及产品，以及治疗新发传染病的单克隆抗体药物、小分子药物制备技术与产品等将基本形成，并在防治新发传染病领域中得到应用。

利用干细胞体内外分化特性，结合智能生物材料、组织工程、胚胎工程及 3D 生物打印等技术实现组织、器官再造，活细胞 3D 打印模拟组织或器官成为可能，异种移植和人源化异种器官移植得到常规应用。

## 二、环境污染物对健康的影响程度达到历史最低水平

环境污染得到有效控制，环境污染物对人类健康的影响程度达到历史最低水平，全球大部分国家和地区实现环境污染风险监测预警的互联互通。区域内的突发性环境污染事故与健康应急防控、职业危害监测等相关技术更加完善和体系化。食品安全广泛实现原料生产到加工配送等全程的

溯源管理。

### 三、人工智能广泛应用，仪器诊疗逐步实现无创、精准、智能和远程化

人工智能广泛应用于医药卫生领域，局部水平上的应用可以实现感知辅助及功能重建，整体水平上的应用可以实现医疗救护、康复。人工智能促进脑科学的快速发展，人类对神经系统疾病和精神疾病发病机制有了全新的认识，精神心理疾病的纠正和治疗有了更多的选择。

高端医疗仪器设备进一步实现无创化、精准化、智能化及管理远程化。以分子和功能影响为目标，实现精准干预和靶向成像。新型医用机器人和手术导航系统将得到广泛应用，介入治疗的发展势必进一步减轻患者手术的风险和痛苦，优化诊疗过程，提高患者预后。微创技术和药物靶向技术将以各个系统、脏器为目标进一步深入发展，为肿瘤、心血管疾病等各类疾病提供简便、安全、有效、并发症少、创伤小、恢复时间短的最优治疗方法。通过活体原位生物技术合成具有靶向性的探针，用于对肿瘤或心脑血管疾病等的病灶进行快速且精准标记，将实现高敏感性的分子成像及功能成像。声、光、电、磁等多模式所形成的成像及治疗技术，潜力巨大。纳米生物技术必将提高对生命过程的认识和操控程度，提供更多更好的医疗设备、材料和手段。

数字医学交叉渗透到整个医学科技领域，实现医学领域的信息采集、处理、传递、存储、利用、共享一体化，大幅度提高医疗诊断水平与效率。宽带通信与信息网络技术使得远程医疗进入寻常生活。

### 四、现代制药技术取得重大突破，中医药得到广泛认可

现代制药技术取得了重大突破，全新的药物创新体系和药物研发平台促进了国际制药领域工程科技的快速发展，成功研制出用于治疗恶性肿瘤、心脑血管疾病、阿尔茨海默病、艾滋病等重大疾病的高效药物。

未来20年中，先进制药技术将不断应用到中药制药领域中，中药制

剂的市场竞争力将得到更大的提升。中药制剂广泛被国际社会认可和批准应用，中医疗法在多数国家得到推广。

### 五、精准医疗体系推广应用，医疗整体水平得到提升

基因测序技术不断更新换代，实现高通量、快速化、普及化。基因芯片技术、基因编辑技术等取得新的突破。生物大数据信息不断完善并得到应用，国际上完成肿瘤、糖尿病、心血管疾病等几类重大疾病的组学（基因组学、转录组学、蛋白质组学、表观遗传组学及代谢组学）数据检测，构建疾病预测、预警模型。针对肿瘤和糖尿病的分子检测及精准个体化治疗成为临床规范。单基因遗传病可利用基因编辑技术进行治疗。基因检测、基因编辑、基因治疗在国家政策推动下迎来黄金发展期，产业总价值有望超过万亿美元，并带动其他相关产业的发展。分子诊断技术取代已有不方便或不精确的检测项目，并产生新的诊断检测项目，在感染性疾病领域、肿瘤学领域占据较大份额，市场价值达到数百亿美元。体液免疫和修饰性免疫细胞治疗新技术的产业链将相当成熟，为社会带来巨大经济效益和社会效益，使人类疾病治疗水平和健康水平得到提高。

## 第三节　2035 年世界医药卫生领域经济社会发展图景

### 一、生物与分子医学领域

#### 1. 分子诊断

目前，全球的分子诊断市场大背景可以概括如下（何蕴韶，2009）。

（1）分子诊断技术的发展不仅导致了已有的不方便或不精确的检测项目被取代，而且产生了新的诊断检测项目。

（2）每年全球分子诊断市场价值数百亿美元。

（3）感染性疾病领域，特别是病毒载量检测持续占据市场最大份额，其他领域（特别是肿瘤学领域）未来将以更高的速度增长。

（4）分子诊断技术出现了耐药病毒株基因分型、肿瘤诊断和预后、疾病易感性和预测、遗传性疾病的诊断、药物反应的预测和法医 / 个体识别检测等新的应用。

（5）人们已经有了更大的兴趣发展基于基因表达、蛋白表达和单核苷酸多态性（SNP）的检测。

（6）许多先进的生物技术应用于分子诊断市场，特别有助于肿瘤和心脑血管疾病领域生物标志物的研究。

（7）药物基因组学将作为一个新兴的商业领域出现。

2. 基因检测相关行业整合

精准医疗作为医疗模式的革新，对提高居民健康水平有重要意义，而基因测序作为精准医疗的核心内容将在医疗技术发展和国家政策的推动下迎来黄金发展期。如果整合所有基因检测相关行业产业（产前诊断、干细胞治疗等），该产业的总价值有望超过万亿美元。

3. 基因编辑

随着基因编辑技术广泛应用于临床治疗，基因载体的生产与加工将成为一大经济产业，这将带动医药生产领域的工业化转型，从传统的药物开发到基因编辑相关领域的发展。

4. 基因治疗

基因治疗的具体方案、疗效评估等均离不开统计学及生物信息大数据的支持。基因治疗必将带动生物信息相关领域的发展，将会产生一系列以遗传学和生物信息学为主要学科背景的交叉式信息化产业模式。基于生物医学大数据的个性化健康管理技术产业链将形成。

5. 免疫治疗

体液免疫和修饰性免疫细胞治疗新技术产业链日趋成熟，将为社会带来巨大经济效益和社会效益，使人类疾病治疗水平和健康水平得到提高。

## 二、再生医学领域

2035 年，提供动物体内构建的人类器官可能形成相应产业。"人源化"器官的研制成功，将产生巨大的社会经济利益。基因修饰大动物疾病模型技术进一步稳定成熟，以此为基础，基因修饰大动物疾病模型将广泛应用于新药的研发与临床前期的实验中，形成新的产业模式。

## 三、生物物理与医学工程领域

可穿戴智能设备将面临更高的需求和挑战。个体化可穿戴设备和物联网设备将高度成熟，结合分子生物学和免疫学检测技术，可以研发出智能化便携式生物危害检测设备。此外，随着个人防护装备的改进，人机功效明显改进的轻便防护装备将大量投放市场。介入治疗的发展势必进一步减轻患者手术的风险和痛苦，优化诊疗过程，提高患者预后。到 2035 年，数字医学将会交叉渗透到整个医学科技领域，涉及医学影像学、数字解剖学、临床诊断学及数字化的医院建设与管理，远程医疗会诊与远程医学教育。人机接口技术在接下来的 20 年里将融入更多的人工智慧、传感技术。

## 四、药物工程领域

### 1. 生物制药

从生物技术产业看，全球生物技术公司销售总额为 400 多亿美元，许多国家将生物技术制药产业当作国际经济竞争的有利产业，生物技术成为促进国家经济发展的重要因素，切实可行地造福人类健康的同时，推动世界经济发展。预计到 2035 年，转基因动物制药将发挥更大的经济价值，促进全球经济的发展。

2. 抗体类药物

抗体类药物将成为生物制药领域中最重要的关注焦点之一，全人源单克隆抗体是未来的发展方向。国际上抗体药物的中试及产业化基地的数量不断增加，单克隆抗体药物未来具有广阔的发展前景。抗体药物偶联物（ADC）市场将经历飞速发展，更稳定的连接器和更强效的细胞毒素将确保新一代ADC药物的安全性和疗效得到改善。

3. 微生态制剂及疫苗

一线抗菌药物产生耐药性后，就需要使用更昂贵的疗法，患病和治疗的时间将会延长，医疗成本就越高，家庭和社会的经济负担也越重。微生态制剂将逐步取代抗生素的使用。疫苗行业将成为世界医药产业发展的核心领域。

## 五、中医药领域

未来20年中，先进制药技术将不断应用到中药制药领域中，使得中药制剂的市场竞争力得到更大提升。随着中药资源保护体制的不断完善、中药资源库建立，中药质量管理体系将得到改善，中药市场将日趋规范化，珍稀濒危中药将有代替品种，中药资源出现可持续发展，将更好地服务于人类健康。而中医"治未病"理论体系将得到完善，并使之应用到疾病预防和保健工作，人们的生活质量得到提高。整个中医药领域将更加规范化、科学化，进而增强国际竞争力，得到国际社会的认可。

## 六、预防医学领域

随着人民生活水平不断提高，对健康的期望也会更高，对环境污染的预防及控制也更加迫切。环境污染与健康风险评估、风险管理、风险监测预警、突发性污染事故环境与健康应急防控、职业危害监测等相关技术相继建立、完善和体系化。利用新型的微生态药物治疗感染性疾病，解决因抗生素滥用造成的抗生素耐药菌的临床问题，利用新型微生态药物／菌群重构的方法治疗非感染性慢性疾病，为慢性病治疗提供新的治疗方法。可以利用微生物组与疾病关系的知识，对个人的疾病风险或者疾病状态进行预测，并制订出以微生物为靶点的个性化的健康管理/疾病治疗方案。有关生物安全方面，个体化可穿戴设备和物联网设备将高度成熟，结合分子生物学和免疫学检测技术，可以研发出智能化便携式生物危害检测设备。另外，随着个人防护装备的改进，人机功效明显改进的轻便防护装备将大量投放市场。

## 七、疾病防治领域

### 1. 慢性病防控

2035 年，国际上慢性病防治的医疗卫生经济支出将占据整个医疗卫生经济支出的绝对比重。全球范围内慢性病防治的法规和政策将进一步健全完善，以慢性病信息管理和慢性病发病、患病、死亡及危险因素数据库为基础的慢性病防控的信息化建设程度将主导疾病防控的进程。针对慢性病预防、筛查、诊断、治疗、康复的适宜技术不断推出并逐步产业化。

### 2. 衰老防控

老龄化社会的到来给医药卫生领域带来前所未有的压力。老龄化所带来的相关产业也将得到空前的发展，特别是针对老年的健康产业也将成为世界经济中的支柱产业。

### 3. 新发传染病防控

有关新发传染病的诊断与治疗技术，将依赖于制备相应的诊断产品、治疗药物技术工程化的发展、成熟与规模化。基于网络化和信息化的新发传染病的监控体系，高通量和快速鉴定新发传染病病原的鉴定技术及产品，以及治疗新发传染病的单克隆抗体药物、小分子药物制备技术与产品等将基本形成，并在防治新发传染病领域中得到应用。而且，将逐渐形成集国际组织、国家管理部门、研究部门、企业及社会和个人的综合性防控新发传染病的网络，涵盖医药卫生、农业、环境等各方面的共同防御机制，减少新发传染病的形成与发生，并对可能发生的新发传染病进行定向防御与控制。

## 八、认知与行为科学领域

未来的 20 年，精神疾病的发病率仍将持续增加，治愈率也将不断提高，治疗时间将逐渐缩短。新技术应用的日益推广，促进了诊疗技术的完善和精神学科的思维创新，总体上推动了医疗和社会的前进。新兴科学技术在未来 20 年将在老年失能、失智患者疾病的预测、评估、实时监测、照护和干预方面取得重大进展，大幅度减轻家庭照护及经济压力，减轻社会负担，提高老年人生活质量。

## 九、生殖医学领域

到 2035 年，世界各国将更加重视生殖疾病和出生缺陷防治高新技术研究与转化工作，尤其欧美发达国家和地区。将开展基于大数据的重大出生缺陷风险预测与预警，进行高效无创的出生缺陷产前筛查与诊断，以及出生后早期筛查、检测及诊断、治疗关键技术和新产品的研制与推广；对人群携带率超过 1% 的隐性遗传疾病致病基因进行规范化的孕前普查、生育指导和胚胎植入前遗传学诊断。无创产前检查新技术得到推广普及，无创产前检查疾病谱不断扩大。

## 十、口腔眼耳鼻喉领域

### 1. 口腔领域

通过多种技术手段，如传统重组实验、以支架为基础的牙再生法、第三牙列诱导法、不同生物工程部分部件组合法、新的细胞微球工程、嵌合牙工程和基因操控等，在 2035 年实现牙再生目标将成为口腔研究领域的重点任务。利用干细胞和生长因子尝试体外构建颞下颌关节软骨，修复颌骨缺损，将生物 3D 打印技术引入口腔组织工程，将成为解决颅颌面骨损伤的关键技术。

2. 眼科领域

通过生物 3D 打印技术打印出具有视功能的 3D 眼球，将为盲人提供重见光明的希望。

3. 耳鼻喉领域

生物芯片、人工耳蜗、神经调节与刺激装置、可植入的生物传感器等将被应用于耳鼻喉疾病的临床治疗。介入性微创、无创诊疗技术在耳鼻喉领域的临床医疗中将占有越来越重要的地位，激光技术、纳米技术和植入型超微机器人将发挥重要作用。生物材料和组织工程人工器官将在耳鼻喉领域得到发展。促上皮和组织生长的可降解材料、生物止血材料将在耳鼻喉领域有新的应用突破。计算机辅助仿生设计及快速成型的生物制造及设备，包括精密加工及自动化生产技术、个性化植入器械的制备技术、组织工程化仿生活体器械的快速成型和制备技术等的发展可为临床提供一批生物制造设备，还可提高同类产品的技术附加值。

## 十一、整合医学与医学信息技术领域

健康产业成为具有巨大市场潜力的新兴产业，为整合医学提供了广阔的发展空间。远程医疗信息系统的优势在于，一是依托大医院或专科医疗中心的优质医疗资源，既可避免误诊，提高基层医院诊断准确率，又能使患者得到早期诊断、早期治疗；二是使原本需要远处就医的患者不离开当地就能享受到大医院资深专家的诊疗和复诊；三是对突发公共事件、非常时期或特殊环境下的伤员救治工作可提供有效的支持；四是改变了传统的医护人员继续教育方式，使得医护人员不用离开工作岗位就能接受到基于临床案例的高质量培训，这不仅是提高在职医护人员素质和技术水平的有效途径之一，也是建立终身教育体制的重要途径（温颖新，2016）。

# 第二章
# 2035 年中国的医药卫生
## ——愿景与需求

21 世纪以来，我国逐渐步入发展型社会阶段，正在经历工业化、信息化、城镇化、老龄化和经济全球化的变革，这必将为医药卫生领域带来巨大冲击和空前机遇，我国的人口结构、生活方式、疾病谱系、健康需求和主要医疗卫生问题已发生明显的变化，疾病的预防模式、诊疗手段和管理技术等都正在并必将发生深刻变革。2016～2035 年，是中国经济社会发展的又一重大关键转折时期，亟须解决经济社会发展面临的重大瓶颈问题，突破未来医药卫生领域所面临的严重制约，这对医药卫生领域工程科技的跨越式发展提出了迫切需求。

# 第一节　2035 年医药卫生领域经济社会发展愿景

## 一、2035 年"健康中国"整体愿景

全面实施"健康中国"战略，健康理念融入所有政策，人民共建共享健康成果。到 2035 年，人民健康处于优先发展的战略地位，促进健康的理念融入公共政策制定实施的全过程，健康理念从"以治病为中心"转变为"以健康为中心"，群众健康素养全面提升。加快形成有利于健康的生活方式、生态环境和经济社会发展模式稳固，实现健康与经济社会良性协调发展（中共中央，国务院，2016）。

全生命周期的卫生与健康服务成为常态。到 2035 年，基本公共服务均等化基本实现，重大疾病防控得到足够重视，防治策略进一步优化，人群患病最大程度减少；少年儿童和妇幼健康受到足够重视，学生主动防病意识提高，生长发育得到保障；老年人和残疾人得到连续的健康管理和医疗服务。

人均健康预期寿命显著提高。到 2035 年，人均预期寿命达到 80.0 岁，人均健康预期寿命显著提高，老年常见病、慢性病的健康指导和综合干预措施得到全面落实，因人口老龄化而导致的慢性病井喷式增长趋势得到有效抑制，有效控制慢性病经济负担。

## 二、各子领域愿景

### （一）精准医学和生物大数据利用，极大提高疾病诊治水平

基因组研究的临床应用前景广阔。未来 20 年，人类基因组研究与表观基因组研究成果相互结合，将提高复杂疾病发病机制和临床应用研究的

水平。其中，基因芯片技术进一步巩固和完善，积累成庞大的公共数据库。高通量测序技术也在基因组的各个研究领域显示出其非凡的魅力。基因芯片和高通量测序技术形成优势互补，两种方法联合使用，将有助于攻克以前难以解决的问题。

分子诊断技术方兴未艾。应用各种生物技术检测组织内 DNA 或者 RNA 诊断疾病、监测治疗及判断预后成为常规。药物基因组学和分子肿瘤诊断显现强劲的市场发展潜力。

分子影像学已成为多学科交叉的典范。未来 20 年，分子成像最关键的核心技术，包括分子探针、信号放大等技术，将实现重大突破，分子影像学在疾病预防、诊断、治疗和康复领域将发挥不可替代的作用。

计算机辅助诊断将成为趋势。机器学习技术在医疗数据挖掘中的应用将得到快速发展，并在临床诊断中广泛使用，主要表现为：①自动提取图像特征值的速度和效率将得到有效提升，数据挖掘方法的质量得到显著提高；②将出现更多更为适用的数据挖掘方法和工具；③性能更加良好、能够有效投入临床中的计算机辅助诊断系统得到广泛应用。

免疫治疗有望成为新的有效治疗手段。通过免疫应答手段，利用预防性和治疗性疫苗、体液免疫和细胞免疫治疗技术，可以常规应用于多种疾病（包括感染性疾病和恶性肿瘤）的治疗，并有效提高治愈率，延长生存期和明显降低死亡率；在疑难性疾病（如自身免疫病和认知性疾病领域）免疫治疗的效果也得到提高。

生物医学大数据应用将促进健康医疗卫生服务的整体变革。基于生物医学大数据的个性化健康管理技术的发展方向为：在生物技术、生命体征传感器的基础上，融合传统临床病例，建立起以个人为中心的生物医学大数据，随后通过对整个人群整合的海量大数据进行分析，进行疾病的精准预测和预警，其结果应用于拥有全面健康信息的个人，实现实时的个性化管理，在疾病发生前的阶段进行预防，提高全面健康素质，减缓疾病的发生。其中，主要有三个重点领域：①生物大数据存储、分析领域；②健康管理领域；③生命体征传感器领域。

**（二）基因编辑及材料技术发展完善，从根本上解决细胞移植和人源化器官供体问题**

未来 20 年，基因编辑技术将广泛应用于癌症、代谢类疾病、精神系统疾病的防治及再生医学等多个领域。主要应用方向：一方面是通过利用新型高效的基因修饰手段，来建立人源化器官的大动物模型；另一方面是建立适宜的供体细胞培养、筛选标准，构建适宜供体细胞扩增的基质材料。未来 20 年，供体细胞的获取及体内、体外高效扩增的体系将逐渐完善。海藻糖、壳聚糖、水凝胶、3D 复合材料支架等可作为供体细胞的载体，应用于细胞移植和人源化器官的构建。

**（三）诊疗仪器精准化、便携化、智能化、个体化**

新型移动医疗设备、介入治疗设备和可穿戴智能设备将广泛应用于医学的各个领域。新型中医诊疗器械和设备将实现中医学病症参数化和数字化，建立和完善中医学病症和诊断间的理论体系。数字医学作为信息科学与医学结合的前沿交叉学科，将实现医学领域的信息采集、处理、传递、存储、利用、共享一体化。新型医用机器人和手术导航系统将得到广泛应用。基于声、光、电、磁的新型诊断治疗技术将促使"基础研究"向"临床治疗"更好地进行转化，对疾病诊断实现"早期预测与精准定位"。新型分子信标与体内外诊断技术将为肿瘤、心脑血管疾病、代谢疾病等的诊断、治疗和预警等提供全新的解决方案。新型生物材料与纳米生物技术将显示出巨大的发展潜力。生物 3D 打印技术及生物 4D 打印技术的研发与应用具有巨大的市场应用前景。在生物安全领域的个人防护装备依赖于基础材料和能量储存技术的发展，将可能出现重要新型产品。基于物联网与病原体快速诊断技术的便携式多功能生物危害侦测设备将实现重大技术进步和突破。

**（四）新型制药技术将颠覆性地解决当代制药瓶颈问题**

抗体药物以其靶向性强、疗效确切、安全性好等优点，已成为近年来复合增长率最高的一类生物技术药物，在重大疾病的预防、诊断、治疗方面发挥着越来越重要的作用。抗体与基因工程技术相结合，成为新一代抗体工程药物的特色，其中抗体修饰工程技术，成为当今新一代抗体药物的核心。系列修饰型抗体药物，如糖基化修饰、恒定区关键氨基酸改造、应用人抗体不同类型、同位素标记抗体药物（ARC）、化学药物偶联抗体（ADC）、嵌合抗原受体修饰型 T 细胞（CAR-T）、双抗体交联（如 BiTEs）等，是当代抗体工程药物发展趋势。一批以 T 淋巴细胞激活性和抑制性受体（PD-1、CTLA-4 等）为代表的新靶点、新表位、新结构的抗体药物成为全球生物制药的热门靶点。抗体高效表达系统、工程细胞系和规模化瞬时基因表达系统的完善和优化也将不断推动创新抗体工程药物的发展进程。

病原体耐药全球数据库建立，在全球更广泛地收集病原体耐药数据，实现世界性"超级耐药病原体"的实时监测，开发出更好的"超级细菌"诊断工具。贵重药物可以通过使用转基因动物生产，转基因动物制药成为具有高额经济效益的新兴制药产业。

在制药工程化技术方面，依托于结合药物（化学药物、植物药物等）的高通量筛选技术，特别是制备全人源单克隆抗体药物、小分子药物等的工程化技术的不断发展和完善，可以获得治疗新发传染病的有效药物。这些新的工程化制备技术与目前的药物筛选技术相结合，成为未来新药研发的主要技术。

在核酸疫苗方面，以病原体的遗传信息为基础，通过人工合成、基因工程、蛋白质工程等技术，可以在短时间内制备出有效的基因工程疫苗。同时，通过构建于相应的病毒或细菌载体中而制备的基因工程活载体疫苗可能成为预防多种疾病的有效疫苗，以病原体的核酸（DNA，甚至 RNA）为基础的核酸疫苗成为新的重要研究热点。

### （五）中医药在现代医疗保健方面焕发出新的活力

中药方剂配伍与现代制剂技术相结合将取得进展，实现高效率地开发中医药；将祖国医药资源转化为临床医疗优势，构建源自于方剂的新药创制技术体系；通过"病证结合、方证对应、理法方药一致"途径，运用现代科技手段阐明中药方剂配伍理论；揭示方剂化学成分网络与机体生物分子调控网络间的网格关系，诠释中医原创思维的科学内涵，建立创新中药的发现方法与设计理论（范骁辉等，2015）。

珍稀药用野生植物资源的人工栽培技术及珍稀、濒危动物遗传资源的保存等技术将得到有效发展和提高。可实现从植物体中分离出 DNA 并长期保存，以预防各种珍贵物种资源灭绝。同时，药用植物重要相关基因的发掘技术有所突破，可以为解析功能基因的分子调控机制和分子辅助育种提供技术手段，成为解决中药资源短缺的有效方法。

蛋白质组学和功能基因组学建立了以整体观点来解析生命现象的理念，从更深层次阐述生命现象的本质及生命活动规律，更加客观准确地进行个体体质辨析，从而实施个体化诊疗。基因芯片技术可以快速、准确地分析大量基因组信息，进行基因表达检测、突变测序、基因组多态性分析和基因文库作图及杂交测序，有助于推进体质与遗传相关的研究，更准确有效地检测出与不同体质类型相关的基因及其表达，同时发挥中医整体观念思维的优势，将中医整体的理论体系直接用于基因组资料的分析。应用组学技术对健康状态、疾病进程、药物反应性与转归作出更准确和客观的评价，从而实现药物疗效的全面评价。

中医"治未病"理论在应用领域取得较大进展，其应用体系将不断扩大和完善，形成相应的健康防护体系。

### （六）预防医学新技术为群体健康保驾护航

环境科学与技术突破性发展相互融合、相互渗透与相互转化更加迅速，环境科学诸多前沿研究与高新技术的发展融为一体，新兴学科不断涌现。一是系统建立、完善环境污染与健康风险评估、风险管理和风险监测预警体系。二是基于营养组学技术的精准化营养研究，构建不同区域的营养基因组学数据库，营养学研究出现个体营养与整体营养并重发展的局面。三是与疾病相关的人体微生态干预技术有所发展和突破。四是可从宿主角度充分识别出影响传染病易感性和病情严重程度的遗传学基础，在人群中进行大规模全基因组分析，可以从遗传学角度识别出不同种族或人群对特定传染病的易感性水平。五是开发出新一代生物安全防护与病原体快速侦测的个体化可穿戴设备。

### （七）"4P"医学模式（预防性、预测性、个体化和参与性）有效解决慢性病和衰老问题

我国的医疗健康资源得到合理、高效的利用，全国慢性病防控工程发挥重要作用，慢性病高发的趋势得到有效的控制。通过全国慢性病防控工程，将查明影响不同地区国人的危险因素，研制出系列早期发现、早期诊断、早期治疗的关键技术，开发出系列慢性病康复和长期管理模式。"将健康融入所有政策"，强有力的健康公共政策不断制定和完善，健康保护措施得到切实有效落实，控烟政策得到强制推行，个人健康饮食习惯得到有效改善，运动健康环境和健康生活意识不断巩固。将健康信息化引入慢性病防控工程，全国居民电子健康档案和电子病历档案完备，实现健康大数据综合全面利用。衰老的生物学机制获得巨大的突破，利用药物治疗衰老成为现实。现代超大型人群队列研究在国内得到了迅速的发展。

### （八）精神性疾病诊治和老年失能、失智问题得到有效改善

#### 1. 精神疾病防控方面

在未来 20 年中，精神病学的理论和新技术的研究与应用将会获得巨大的发展，主要集中于精神疾病发病分子遗传机制、药物治疗机制方面。分子影像学、基因诊断等新技术广泛应用于精神疾病导致的大脑神经环路异常研究中，精神病学的临床应用研究达到新的高度。脑分子影像学、神经心理学、分子遗传学、生物化学技术方法紧密结合，广泛应用于精神疾病的生物学标志物确认和早期诊断、早期预防方面。新型治疗技术不断出现，形成精神疾病诊断和治疗相结合的新技术体系。全基因组关联及深度测序方法，应用于精神疾病新的易感基因或染色体区域筛选和鉴定。多种模式的精神疾病模型应用于疾病相关行为的观察与评定。神经环路结构和功能网络的异常模式被阐明，结合遗传关联线索，可明确相关神经环路损害的遗传易感性。精神疾病的生物诊断与治疗技术得到快速发展，个体化精准治疗成为可能。

## 2. 老年失能、失智防控方面

以阿尔茨海默病为首的老年失智症的早期诊断和治疗技术获得突破，新的早期评估及干预方法的出现使阻止病情进展，甚至逆转疾病成为可能。以血液、脑脊液及脑成像模式为载体的新的生物标志物的鉴定可确保更有效地诊断及治疗疾病。先进的神经影像技术不仅可以用来检测患者病情变化，对于评估药物的疗效也有一定的作用，可应用于神经变性病的诊断、预防和治疗。基因治疗技术、干细胞治疗技术可为帕金森病、肌萎缩侧索硬化症和阿尔茨海默病提供治疗机会。基于中国人遗传背景的基础研究，可更好地实现个体化用药和精准医疗。信息管理和物联网技术广泛应用于老年失能、失智患者的远程、实时监测及照护，可为老年失能、失智患者提供良好的护理和安全保障，可以发现潜在的风险因素并及时干预。

## 3. 人工智能及大脑模拟关键技术方面

研制出等同于或者超过人类思维能力的人造思维系统，能够像人一样思考。

### （九）安全生育、辅助生育达到全新的水平

易推广、成本低、诊断疾病谱全面的胚胎植入前和产前遗传诊断技术得到推广应用，可显著降低出生缺陷，避免遗传性疾病患儿出生，阻断致病基因在家族传递，有效降低出生缺陷的发生率。核质置换技术作为一种主动干预手段在预防线粒体疾病子代遗传方面获得突破性进展。母婴营养不良预防与营养包干预技术的广泛应用，显著改善育龄妇女及婴儿的营养状况，母婴结局得到明显改善，人口素质得到显著提高，出生缺陷和围产期并发症发生率显著降低。无遗传缺陷人类精子再生与生精小管、生殖腺再造医用生物工程技术可实现真正意义上的人类计划生育，提高我国人口生殖健康水平。

### （十）口腔及五官组织再生成为可能

依赖成体干细胞研究的飞速发展，基于发育学原理的口腔及五官组织

再生技术成为可能。不受免疫系统排斥的人工声带组织构建、细菌纳米纤维仿真耳、感音毛细胞再生成为现实。

### （十一）整合医学进一步推动各医学学科的综合发展

临床专科与多学科整合，临床医学与预防医学、公共卫生整合，医疗保健服务与全民健康管理整合，医学科学与人文整合，医学教育与医疗保健服务等多方面整合，集预防、治疗、保健、康复、教育多功能为一体的整合医学防治体系构建完成。

面向社区的健康大数据及智能健康管理系统，通过全科医生数字化平台实现防治一体化、患者-家庭系统化、健康状况全程动态管理，使居民在社区得到系统规范的健康干预和管理，为居民与医疗卫生机构间搭建互动平台，为管理部门提供即时、详尽可供分析的数据，也为社区卫生服务的绩效考核提供客观真实的依据。通过大数据处理对电子档案进行全面分析，获得患者特征数据，制订更为有效的服务包。

通过网上医院和远程医疗网络体系，实现通用化、专业化、小型化和一体化远程医疗。远程医疗基础平台和医技专科有机融合。

### （十二）一批法医学关键技术的发展与突破，极大提升了我国重大案件的侦破水平

法医遗传学、法医毒物学和法医病理学等领域获得创新性突破，DNA 多态性与遗传表型关系、复杂亲缘关系鉴定、毒物毒品体内代谢规律及代谢组学、毒品依赖分子机制、复合因素引起死亡的分子机制、应激性损伤（死亡）、心源性猝死组织变化规律、环境人身损害等一系列基础理论难点和关键技术问题得以有效解决。凶杀、强奸、恐怖、投毒、吸毒等各类重大案（事）件的侦查破案和定罪量刑可辅以更多、更先进的技术和设备手段，法医学服务于打击违法犯罪的应急反应能力和技术支撑能力得到稳步提升。执法机关侦查破案的效率有效提高，因错检、误检引发的行政诉讼案件的数量大幅减少，办案成本大幅节省，因犯罪和吸毒造成的经济损失有效缩减。

# 第二节　需要解决的重大问题及其对工程科技的需求

## 一、需要解决的医药卫生重大问题

按照我国医药卫生领域工程科技发展图景，遵循预防为主、中西医并重的原则，坚持防治结合、联防联控、群防群控，努力为人民群众提供全生命周期的卫生与健康服务的理念，需要解决的重大问题主要包括以下几个方面。

（1）要根本解决重大疾病防控问题，包括重大慢性病和传染病。

（2）要从全生命周期的角度，解决少年儿童生长发育、重点人群健康、妇幼健康、老年人的健康管理服务和医疗服务问题。

（3）重点解决心理健康问题，努力提高心理治疗、心理咨询等心理健康服务水平。

（4）要重点和切实解决影响人民群众健康的突出环境问题。

（5）要重点解决食品安全体系建设和食品安全监管问题。

（6）要重点解决公共安全事件对人民生命健康的威胁问题。

围绕上述重大问题，必须要加大力气实现以下医药卫生研究的重大突破。

（1）精准医疗和个体化治疗。

（2）基于疾病治疗的基因与分子编辑。

（3）体液免疫和修饰性免疫细胞治疗。

（4）肿瘤的精准诊疗。

（5）器官移植的供需矛盾。

（6）化学药物与生物药物研究。

（7）中药方剂配伍科学问题与现代制剂技术。

（8）中药资源保护。

（9）中医体质辨识的物质基础。

（10）环境污染与人类健康关系综合评价。

（11）食品安全识别体系及安全防控。

（12）精准化营养。

（13）人体微生态干预。

（14）传染病防控。

（15）慢性病防控。

（16）神经性疾病及衰老防控。

（17）老年人失能、失智的预防。

（18）基于脑机接口的神经调制。

（19）精神性疾病的诊治防控。

（20）新型避孕节育。

（21）不孕不育症诊治。

（22）出生缺陷防治。

（23）整合医学观念和理论的推广。

（24）构建整合医学防治一体化多功能服务体系。

（25）基于组学大数据的疾病预警及风险评估和健康管理。

## 二、对医药卫生工程科技的需求

2035 年我国医药卫生领域重大问题的解决必须依托于医学前沿技术与生物工程技术的飞速发展，最主要的工程科技包括以下方面。

（1）生物芯片、高通量测序、质谱等分子检测技术。

（2）分子探针、活体分子影像等分子影像技术。

（3）基因治疗技术。

（4）基于仿生材料工程学、干细胞及转基因动物人源化异种器官构建技术。

（5）干细胞组织再生技术。

（6）新型材料研发技术。

（7）新型纳米材料与纳米药物开发技术。

（8）基于声、光、电、磁的新型诊疗技术。

（9）多模态影像融合技术。

（10）神经影像技术。

（11）人工智能与脑模拟技术。

（12）生物 3D 打印技术。

（13）新型重大医疗设备研发技术。

（14）信息管理与物联网技术。

# 第三章
# 医药卫生领域工程科技技术预见
# 与发展能力分析

———

为把握医药卫生领域国内外技术发展趋势，判断我国 2035 年经济社会发展图景与技术发展趋势，适应国家重大战略需求，提出医药卫生领域的未来技术发展方向、优先发展主题和技术，筛选出关键技术、共性技术和跨领域技术，中国工程院医药卫生学部设立医药卫生领域课题，制订本领域的研究计划和方案，调查医药卫生领域相关产业发展情景，提出备选技术需求清单，向产业专家和科技专家进行问卷调查。针对需求分析与技术预测结果，综合分析提出我国经济社会新的发展阶段和发展形态下需要解决的医药领域工程技术问题，展望 2035 年医药卫生领域关键技术、共性技术和颠覆性技术。

# 第一节 面向 2035 的工程科技技术预见

## 一、技术预见的开展

### （一）方法与过程

技术预见以德尔菲法（Delphi method）为主体，按"领域—子领域—项目"三个层面确定备选技术清单并开展专家调查。主要过程如下：第一步，开展医药卫生愿景分析，作为技术预见的背景输入；第二步，按照医药卫生领域研究特点划分技术预见领域、子领域；第三步，按领域提出一组供参调专家评价的技术项目，即"备选技术清单"；第四步，编制调查问卷，通过两轮德尔菲调查，筛选重点领域和关键技术等。

### （二）技术备选清单与调查情况

#### 1. 目的、特征

适应国家重大战略需求，提出医药卫生领域的未来技术发展方向、优先发展主题和技术，筛选出关键技术、重要共性技术和重要颠覆性技术。

#### 2. 方法

充分发挥领域内院士、专家的作用，以国内外现有技术预见成果、文献计量和专利分析等为基础，提出备选技术清单；实施领域调查和统计，采用德尔菲调查的技术预见方法，提出本领域的未来技术发展方向和关键技术。

#### 3. 实施概要

（1）第一轮德尔菲调查：在天津和北京举行的两次中国工程院医药卫

生学部常委扩大会议期间，开展了两次对院士和专家的咨询工作，形成了课题子领域清单和关键技术清单。在"中国工程科技 2035 发展战略"项目组总体要求下，对技术清单进行了多次修改，由最初的医药和人口健康两大领域、59 个子领域、493 项关键技术，精减为医药卫生一大领域、11 个子领域、75 项关键技术。针对该 11 个子领域、75 项关键技术开展了第一轮德尔菲调查。

分别从生物与分子医学、再生医学、生物物理与医学工程、预防医学、疾病防治、口腔医学及眼耳鼻喉、生殖医学、认知与行为科学、药物工程、整合医学与医学信息技术、中医药 11 个子领域中，对国家自然科学基金委员会专家、课题组专家及相关领域专家进行网络问卷调查。调查对象主要为各领域科研工作者、政府医药卫生管理人员、医药经济保障学专家、医院主管和高校医药卫生专家等各界人士。

第一轮德尔菲问卷调查，医药卫生领域共邀请 1747 名专家参加，填报问卷专家人数 802 人，专家参与度为 45.9%。基于第一轮德尔菲问卷调查的统计分析，结合专家研判，筛选出了每个相关指标下重要性指数排名前 10 位的技术项目，撰写医药领域第一轮技术预见分析报告。

（2）第二轮德尔菲调查：第一轮德尔菲调查过程中，有专家对技术清单进一步提出修改意见。经过分析讨论，并综合院士、专家对这些意见重要程度的判断，对第一轮技术清单做出如下修改：将疾病防治子领域"慢性病防控工程与治疗关键技术（包括心脑血管疾病、糖尿病、慢性阻塞性肺疾病及肾脏疾病等）"和"肿瘤防控及诊断治疗新技术"合并成一项，统一为"慢性病防控工程与治疗关键技术（包括肿瘤、心脑血管疾病、糖尿病、慢性阻塞性肺疾病及肾脏疾病等）"；在疾病防治子领域增加"衰老及其疾病防治关键机制和技术研究"；增加法医学子领域，将整合医学与医学信息技术及其他子领域中涉及法医学领域的技术做了拆分和调整。

经过上述修改，医药卫生领域第二轮德尔菲调查共 12 个子领域，但仍为 75 项关键技术，并邀请各子领域的专家对相应技术项目的说明重新进行了修改，使其更加准确。第二轮德尔菲调查同时调整了在线调查问卷的整体展现形式，增加了第一轮调查结果展示模块，供专家参考，专家对不熟悉的项目可以放弃。另外,调查内容有所调整:在"目前该技术领先国家"选项中增加了中国选项;调整了该技术实现时间的选项跨度;新增2个开放性问题,即"为支撑2035年的工程科技突破,近5年或更长时间需要加强部署的基础研究方向"和"您认为2035年左右将出现的重要新型产品及其主要特点、功能"。

第二轮德尔菲问卷调查,医药卫生领域共邀请1760名专家参加,填报问卷的专家人数为484人,专家参与度为27.5%。同样,基于第二轮德尔菲问卷调查的统计分析,结合专家研判,筛选出了每个相关指标下重要性指数排名前10位的技术项目,撰写了医药领域第二轮技术预见分析报告。

## 二、技术预见结果分析

### (一)医药卫生领域最重要的技术方向——对技术项目的技术重要性、应用重要性的综合分析

整体上,医药卫生领域技术本身的核心性、通用性、带动性相对较高,非连续性相对较低。在技术应用性方面,社会发展重要性略高于经济发展重要性,保障国家与国防安全重要性相对较低。综合"技术本身重要性"和"技术应用重要性"两方面得到技术重要性综合指数,以此为基础,经过专家研讨分析,提出医药卫生领域技术与应用重要性综合指数最高的前10项关键技术方向(表3-1)。

**表 3-1 医药卫生领域技术与应用重要性综合指数排名前 10 位的关键技术方向**

| 指数排名 | 子领域 | 技术方向 |
|---|---|---|
| 1 | 药物工程 | 新药发现研究与制药工程关键技术 |
| 2 | 认知与行为科学 | 人工智能及大脑模拟关键技术(交叉) |
| 3 | 中医药学 | 中药资源保护、先进制药和疗效评价技术 |
| 4 | 生物物理与医学工程 | 新型生物材料与纳米生物技术 |
| 5 | 再生医学 | 细胞与组织修复及器官再生的新技术与应用 |
| 6 | 疾病防治 | 慢性病防控工程与治疗关键技术(包括肿瘤、心脑血管疾病、糖尿病、慢性阻塞性肺疾病及肾脏病等) |

续表

| 指数排名 | 子领域 | 技术方向 |
|:---:|:---|:---|
| 7 | 生物与分子医学 | 基于组学大数据的疾病预警及风险评估技术 |
| 8 | 预防医学 | 食品安全防控识别体系及安全控制技术 |
| 9 | 生殖医学 | 不孕不育治疗体系优化 |
| 10 | 预防医学 | 应对突发疫情、生物恐怖等生物安全关键技术 |

医药卫生的 12 个子领域中，预防医学子领域有 2 项，除法医学、口腔医学及眼耳鼻喉、整合医学与医学信息技术等子领域外，其他子领域各有 1 项。

10 个技术方向具体介绍如下。

**1. 药物工程子领域中的新药发现研究与制药工程关键技术**

目前，新药发现研究还处于不断发展的阶段，世界各国对新药的发现与研究都非常重视。虽然近些年我国在新药发现与研究工作方面取得较大进步，但与美国相比仍然存在较大差距。新药研发需借助药物敏感、毒性、耐药生物标志物的发现与确证、药物重定位、高通量和高内涵药物筛选、基于大数据和生物信息学的计算机辅助药物设计、基于分子水平整体观的药物代谢产物和代谢途径研究技术及药物毒理学研究等一系列技术，从而实现和发展包括基于表观遗传调控的新药发现技术。另外，基于干细胞的新药发现技术等新兴发展领域，同时应用生物多肽功能片段分离技术、微量天然产物提取分离鉴定技术、血液制品的凝血因子类产品研发技术、新型工程菌用于发酵制药技术、制药工程酶的设计和优化技术及药物手性合成技术，完善并促进我国制药工程的发展。

**2. 认知与行为科学子领域中的人工智能及大脑模拟关键技术（交叉）**

人工智能的目的，就是研究和完善等同于或超过人的思维能力的人造思维系统。目前，被人们广泛关注的技术有助听、助视等交流辅助技术，认知计算与神经系统关键技术，基于脑认知的视觉加工模型技术，基于视觉的自然环境感知技术，多层次神经信息检测技术，自动语言识别技术，利用计算机视觉原理开发出人造视网膜和仿脑制导系统技术等。人类大脑是一个高度复杂的器官，迄今，在大脑模拟技术发展中，已成功建造了大规模的人体大脑运算模型，这种大脑运算模型能够模拟各种复杂的人类行为。人工智能及大脑模拟将成为未来科技进步的又一项重要标志。

3. 中医药学子领域中的中药资源保护、先进制药和疗效评价技术

我国该领域在世界上处于较领先水平，但美国和日本在该领域的发展也较为迅速。目前，合理开发、利用和保护中药资源，实现资源的可持续利用，以保障人类健康所必需的物质基础，已成为医药行业必须高度重视和亟待解决的问题。应用珍稀药用野生植物资源的人工栽培技术、经济植物重要经济性状相关基因的发掘技术及珍稀、濒危动物遗传资源的保存等技术，实现对中药资源的保护。借助中国特有的中药有效成分活性代谢产物鉴定分离技术及动物毒素的天然活性成分鉴定分离技术，完善中医制药领域的发展。同时，探索科学的中药疗效评价技术。

4. 生物物理与医学工程子领域中的新型生物材料与纳米生物技术

建立基于恶性肿瘤、心脑血管相关疾病等病变部位的活体原位生物合成荧光纳米簇的生物成像检测新方法，发展可视化的生物物质检测新技术，实现恶性肿瘤、心脑血管相关疾病的病灶区生物自成像的精准靶向标记与实时动态快速成像定位分析。同时，设计和构建高灵敏、高分辨识别检测不同种类病变细胞及其耐药性的新型纳米簇分子探针，建立智能化的生物分子/细胞/活体实时动态分析与多尺度成像新方法，发展无创疾病分子诊疗新技术，并应用于肿瘤等重大疾病的早期诊断、治疗。

5. 再生医学子领域中的细胞与组织修复及器官再生的新技术与应用

目前，用于治疗疾病导致的细胞与组织病变的修复和再生是医学研究的热点问题。突破共性的关键科学问题并建立相关的创新治疗技术，是实现完美的组织修复与再生的重要手段，将给数以亿计的患者带来新的希望。具体内容包括：①如何调动人体内源性自身修复机制以实现受损组织和器官的完美修复和再生；②从遗传和发育的规律来寻找促进受损组织和

器官完美修复与再生的规律与手段；③利用改善组织修复环境来刺激和增强组织修复能力；④利用组织工程仿生技术来实现受损组织和器官的替代；⑤利用细胞（包括各种干细胞）治疗策略来实现受损组织和器官的完美修复与再生；⑥从仅重视体表创面修复扩展至全身组织、器官。通过科研项目的实施，建立细胞与组织修复与器官再生的创新理论、重要组织再生的关键技术和方法与产品，为临床治疗提供系列的创新技术，从根本上提高我国组织修复与再生的救治水平。

6. 疾病防治子领域中的慢性病防控工程与治疗关键技术（包括肿瘤、心脑血管疾病、糖尿病、慢性阻塞性肺疾病及肾脏疾病等）

慢性病的特点为长期持续、不能自愈和很少能完全治愈，且非常常见、费用负担高。以心脑血管疾病、癌症、糖尿病和慢性呼吸系统疾病等为代表，慢性病是全球面临的最重要公共卫生问题。2010 年，我国因慢性病导致的死亡人数占总死亡人数的 85%，造成疾病负担占总疾病负担的70%（国务院办公厅，2017）。《2017 年世界卫生统计》报告显示，2017年全球死亡 5600 万人，其中因慢性病死亡 4000 万人，约占总死亡人数的70%（WHO，2017）。可见，慢性病严重影响居民健康水平提高，阻碍社会经济发展。近年来，国际上在慢性病病因学、分子发病机制、治疗与预防等方面取得了长足进展，特别是多学科的交叉融合，分子流行病学、生态流行病学、循证医学、循证保健学的兴起，使得慢性病研究有了更大的空间和前景。我国对慢性病流行特征、病因学、诊断治疗、预防控制策略和措施、相关公共政策、监测及干预效果进行了广泛的研究，在高血压、糖尿病、高发恶性肿瘤流行病学等方面积累了大量的基础数据，为开展慢性病防治提供了依据。但是，慢性病流行病学研究以重复、短周期、低证据强度居多，需要大样本人群、多中心合作、前瞻性研究项目，特别是要在有针对性的危险因素干预研究和证据转化应用等方面开展系统研究。同时，应加强研发并推广针对各类重点慢性病的成本低廉、效果良好的基本药物和技术，争取到 2035 年大幅度减少慢性病对我国居民健康的危害，进一步提高我国居民的人均期望寿命至 80 岁以上。

7. 生物与分子医学子领域中的基于组学大数据的疾病预警及风险评估技术

随着生物技术的飞速发展，生物医学组学数据正快速累积，形成前所未有的组学大数据，并且在可预期的未来还将持续加速积累。要想更广泛、更有效地利用组学大数据，需要多学科、多项技术协同发展，其中包括处理 PB 级数据的存储和计算能力、高噪声背景中识别信号的基因组分析技术、多种组学数据融合后进行精准分类的机器学习技术。

8. 预防医学子领域中的食品安全防控识别体系及安全控制技术

目前，食源性疾病不仅是全球重要的公共卫生问题，也是中国最大的食品安全问题。通过构建食品安全识别和防控体系，到 2035 年，在检测范围上，能够满足食物链流通全过程实施安全检测的需要；构建完整的全国互联互通、协调运作的追溯管理网络；构建食品中可能含有的各种有害因素含量水平数据库并对其进行风险评估；构建快捷、方便的食品安全信息查询网络平台，向广大消费者提供食品安全信息；完善我国的法律法规体系及食品生产加工过程的卫生管理；通过快速预警系统，实现风险管理。总之，食品安全识别和防控体系通过对相关指标体系的运用来发现各种食品的安全状态、食品风险与风险变化趋势等，揭示食品安全的成因背景、危害因素的表现方式和预防控制措施，从而最大限度地减少各种有害因素对食品的污染，尽量减少各种危害因素对消费者健康造成的影响，降低食源性疾病的发病率。

9. 生殖医学子领域中的不孕不育治疗体系优化

由于环境污染、生活方式改变及生育年龄的推迟，不孕症成为 21 世纪仅次于肿瘤和心脑血管病的第三大疾病。辅助生殖给不孕夫妇带来了新的希望。至今全球已有超过 600 万名试管婴儿出生。但是，辅助生殖仍然面临成功率低、流产率高等问题。因此，世界范围内辅助生殖技术面临的重大问题，就是如何提高助孕活产单胎率及安全性。该技术方向采用各种基础医学和临床医学新的技术，开展环境、遗传、代谢、表观遗传、心理与社会因素在不孕不育及生殖重大疾病发病中的作用和机制研究，揭示影响人类生殖及生命早期发育的关键因素分子事件，认识了解生殖障碍的病因，发现新的诊断和治疗靶点，在不孕症治疗与生殖健康领域开展"精准医疗""移动医疗"，提高助孕技术的便捷性、成功率、安全性。

10. 预防医学子领域中的应对突发疫情、生物恐怖等生物安全关键技术

该技术方向是保障人类不被传染性病原感染而致病的组合技术。目前，多起突发疫情流行病学分析均表明，医疗机构就诊医治过程是生物安全问题的焦点，我国因大医院医诊人群密度大而面临的生物安全问题更加严峻。另外，国际上生物恐怖活动时有发生，威胁着人类的安全。目前，国内外传染病生物安全主要是环境定时消毒和发生后以隔离防护为主，开发"多环节应用的前置性单人隔离、即时消杀病原体"功能的系统性生物安全技术、产品及推广应用，将为未来的突发疫情、生物恐怖等应急工作常态化提供技术储备。

### （二）医药卫生领域重要共性技术方向

综合技术通用性指数、技术应用重要性指数得到共性技术重要性指数。技术通用性指数用于判断该项技术的应用范围是否广泛，是否是多行业共性技术；技术应用重要性指数用于判断该技术在经济发展、社会发展和保障国家安全等方面的综合作用。医药卫生领域共性技术重要性指数排名前 10 位的技术方向见表 3-2，其中，预防医学和生物与分子医学子领域各有 2 项，除口腔医学及眼耳鼻喉、认知与行为科学、生物物理与医学工程、再生医学 4 个子领域外，其他子领域各有 1 项。

表 3-2　医药卫生领域共性技术重要性指数排名前 10 位的技术方向

| 指数排名 | 子领域 | 技术方向 |
|---|---|---|
| 1 | 药物工程 | 新药发现研究与制药工程关键技术 |
| 2 | 生物与分子医学 | 基于分子检测及分子影像的精准诊断及疗效评价技术 |
| 3 | 整合医学与医学信息技术 | 面向社区的健康大数据及智能健康管理系统 |
| 4 | 中医药学 | 中药资源保护、先进制药和疗效评价技术 |

| 指数排名 | 子领域 | 技术方向 |
|---|---|---|
| 5 | 生物与分子医学 | 基于生物医学大数据的个性化健康管理技术 |
| 6 | 疾病防治 | 慢性病防控工程与治疗关键技术（包括肿瘤、心脑血管疾病、糖尿病、慢性阻塞性肺疾病及肾脏疾病等） |
| 7 | 预防医学 | 环境污染与人类健康关系综合评价技术及相关疾病防治技术 |
| 8 | 预防医学 | 食品安全防控识别体系及安全控制技术 |
| 9 | 生殖医学 | 不孕不育治疗体系优化 |
| 10 | 法医学 | 法医分子遗传检验技术 |

医药卫生领域前 10 项重要共性技术与前 10 项最重要技术相重合的有 5 项，另外 5 项技术分别介绍如下。

1. 生物与分子医学子领域中的基于分子检测及分子影像的精准诊断及疗效评价技术

目前，随着 PCR、生物芯片、高通量测序、质谱等分子检测技术的不断成熟，以及融合了分子生物学、纳米材料、图像处理等技术的分子影像学的发展，推动了体外和活体的精准诊断及疗效评价。但是，目前分子诊断学和分子影像学的发展不太同步，分子影像学的发展较为滞后，在采用高特异性分子探针、适宜的信号放大技术、高分辨率图像探测系统和快速图像处理及分析技术对活体组织细胞分子进行精确定位和检测方面还存在较大的缺陷。目前，世界上仅有少数几个实验室具备跟踪性在体荧光断层分子影像系统，且探查的深度、分辨率、三维成像等能力均有限。我国亟待开发高精密度、国产化的光学分子成像系统，并与分子检测技术联合，用于疾病的早期预警、诊断、个体化疗效评价。

2. 整合医学与医学信息技术子领域中的面向社区的健康大数据及智能健康管理系统

2015 年是我国"互联网 +"的元年，同时大健康产业在国务院政策的指引下方兴未艾。二者的结合使得基于计算机、通信、云计算、大数据等技术的智能健康产业呈现高速发展的态势，特别是可穿戴设备、健康监测、慢性病管理、远程诊疗等。医疗健康的服务半径也从传统的医院延伸到社区及家庭。与此同时，以个人为中心的健康数据正进行着快速积累，预计未来的5～10年将形成庞大的健康大数据，并通过与医院诊疗数据的互联互通形成海量的医疗健康大数据。智能健康管理系统通过物联网或互联网汇聚跨时空海量医疗健康数据到云端，应用数据挖掘和知识发现理论进行建模分析，以云服务的方式提供给医务人员作为诊疗参考，或为患者、用户提供智能的辅助诊断、疾病预警等服务。建立基于大数据分析的智能健康管理服务系统验证和评价指标，建立以用户为中心的慢性病管理服务质量评价方法和实现机制，力争在面向智慧医疗的健康管理与服务的海量数据分析及处理领域取得突破性进展。

3. 生物与分子医学子领域中的基于生物医学大数据的个性化健康管理技术

在生物技术、生命体征传感器技术飞速发展基础上，融合传统临床病历数据，建立起以个人为中心的生物医学大数据；继而针对全人群的个人健康信息，对高度异质性的健康大数据进行分析；聚合医学、生物、计算等不同领域的人才和技术，以全面、全时间段、全人群的健康大数据为基础，利用大数据分析技术，开发出精准疾病预测、预警数学模型；最后，将这些优选的数据模型应用于拥有全面健康信息的个人，从而实现实时的个性化的健康管理，推动健康管理产业的发展，带动生命体征传感器工业化进程及供给侧繁荣。

4. 预防医学子领域中的环境污染与人类健康关系综合评价技术及相关疾病防治技术

环境与健康是人类永恒的主题，环境是人类赖以生存的基础。近些年，伴随着社会经济水平的飞速发展和人类生活水平的不断提高，环境污染现象也越来越严重。环境污染有很多种类型，如大气污染、水质污染、土壤污染和噪声污染等，这些污染会直接或间接地对人体造成危害。因此，加强环境污染与人类健康关系之间的认识，开展全球气候变化对健康影响的预测研究，查明环境毒物低暴露水平的生物效应和长期慢性危害，积极探索环境污染治理的科学措施，建立相关评价预防技术对改善人类健康至关重要。应重点建立环境污染与健康风险评估技术、风险管理技术、风险监测预警技术、突发性污染事故环境与健康应急防控技术，彻底控制和预防由环境污染引起的人类健康问题。

5. 法医学子领域中的法医分子遗传检验技术

法医分子遗传学主要针对生物学检材进行遗传标记检测，最终进行个体识别和亲子鉴定及其他亲缘关系鉴定。基于国内外需求，应主要在以下方面进行战略研发：新法医遗传标记优选及分型、混合斑检验智能化分析技术、复杂亲缘关系鉴定、中华民族基因组单核苷酸多态性（SNP）数据库构建、SNP 与人体特征刻画及种族推断、法医 DNA 生物信息学分析技术、同卵双生个体识别检验技术、RNA 检验与组织器官识别技术、群体灾难事件死亡现场个体识别综合检验技术、非人源 DNA 多态性检验技术、基于核小体空间构象对 DNA 分子保护的理化机制优选 DNA 遗传标记技术、新型 DNA 检验技术体系试剂及仪器研发技术、利用人外周血痕信号结合 T 细胞受体删除 DNA 环（sjTREC）含量推断个体年龄的研究、利用甲基化差异位点 RASSF1A 检测母体血浆中胎儿 SNP 分型的研究。

### （三）医药卫生领域的重要颠覆性技术方向

综合技术非连续性指数、技术应用重要性指数来选择重要的颠覆性技术。非连续性指数用于判断该项技术研发成果是否将替代现有主流技术，是否具有市场颠覆性；技术应用重要性指数用于判断该技术在经济发展、社会发展和保障国家安全等方面的综合作用。医药卫生领域重要颠覆性技术指数排名前 10 位的技术方向见表 3-3，其中，药物工程、生物物理与医学工程子领域各有 2 项，除口腔医学及眼耳鼻喉、认知与行为科学、整合医学与医学信息技术、中医药外，其余子领域各有 1 项。

表 3-3　医药卫生领域重要颠覆性技术指数排名前 10 位的技术方向

| 指数排名 | 子领域 | 技术方向 |
| --- | --- | --- |
| 1 | 生物物理与医学工程 | 生物 3D 打印技术及生物 4D 打印技术的研发与应用 |
| 2 | 药物工程 | 新药发现研究与制药工程关键技术 |

| 指数排名 | 子领域 | 技术方向 |
|---|---|---|
| 3 | 生物物理与医学工程 | 基于声、光、电、磁的新型诊断治疗技术 |
| 4 | 生物与分子医学 | 体液免疫及修饰性免疫细胞治疗新技术 |
| 5 | 再生医学 | 基于合成生物学的人工生物系统建立技术 |
| 6 | 预防医学 | 环境污染与人类健康关系综合评价技术及相关疾病防治技术 |
| 7 | 生殖医学 | 不孕不育治疗体系优化 |
| 8 | 法医学 | 成瘾机制及干预技术（包括药物、网络等各类成瘾） |
| 9 | 药物工程 | 智能药物递送体系与新型药物制剂技术 |
| 10 | 疾病防治 | 预防及干预药物与疫苗研发关键技术 |

医药卫生领域前 10 项重要颠覆性技术与前 10 项最重要技术和前 10 项关键共性技术相重合的有 3 项，其余 7 项技术介绍如下。

1. 生物物理与医学工程子领域中的生物 3D 打印技术及生物 4D 打印技术的研发与应用

该技术方向有望替代以人源器官移植为代表的现有主流技术，具有市场颠覆性，可为我国人民身体健康和社会经济发展提供重要的技术保障。目前，生物 3D 打印是 3D 打印最前沿的研究领域，在生物医疗领域中发展势头迅猛。而引入时间维度的自动变形材料发展起来的生物 4D 打印技术更是为生物医疗领域的应用带来无限空间。突破共性的关键科学问题并开发高合成率的技术，是实现构建复杂、全功能组织器官及组织与器官完美再生的重要手段，包括：①充分认识到组织和器官的复杂结构与功能，解决细胞存活、组织再构建的问题，以及在体内与其他器官相互作用；②探索作为支架功能的新型材料，同时保证物质自由交换、细胞活性和结构的稳定；③解决打印过程中的血管组织的布局和组装，解析细胞与支架材料相互作用机制，构建具备功能性的含有血管的三维结构；④解析干细胞用于构建组织器官，解决细胞来源的问题。通过科研项目的实施，突破和掌握 3D 打印与生物 4D 打印的核心技术和关键技术，使生物 3D 打印与生物 4D 打印技术尽快实现临床转化。

2. 生物物理与医学工程子领域中的基于声、光、电、磁的新型诊断治疗技术

该技术方向有望替代现有临床主流诊断治疗技术，具有市场颠覆性，对我国人民身体健康水平提高和社会经济发展具有重要作用。目前，以分子和功能影像为手段，研制具有精准靶向成像功能、以影像引导的外科手术或介入治疗为目的的人体声、光、电、磁等多模态成像检测系统，促进了"前沿基础性研究"向"先导性高技术研制"及"临床应用"的快速转化，实现了"预防、预测、早期诊断"和"精确化、个性化、微创化"的目的。本技术方向拟建立活体原位生物合成近红外荧光探针及其生物靶向成像技术等医学诊断、治疗新技术，通过原位生物作用定点合成对肿瘤和心脑血管等疾病相关病灶部位精准靶向快速标记的成像分子探针，实现非侵入式的活体病灶实时动态的高灵敏快速示踪和多模态监测与治疗。

3. 生物与分子医学子领域中的体液免疫及修饰性免疫细胞治疗新技术

免疫细胞输注多用于肿瘤的治疗，统称为过继性免疫细胞输注治疗（adoptive cell therapy，ACT），涉及种类包括树突状细胞、自然杀伤细胞及 T 细胞等。该技术自 20 世纪 80 年代开始小规模应用于临床以来，在部分肿瘤患者中显示出较好的临床疗效。但由于输注细胞缺乏肿瘤特异性或者输注后发生免疫抑制的天然缺陷，临床可接受性评价依然模糊。鉴于 T 细胞基因组的稳定性与修饰后可靠的安全性，近年利用基因修饰策略显著地提升了 ACT 在肿瘤中的临床疗效，例如针对 CD19 的嵌合抗原修饰 T 细胞（CART）治疗白血病等。这种基因修饰技术拓展了肿瘤治疗的思路，为延长肿瘤患者的生存年限甚至治愈肿瘤带来了希望。目前，除了要建立针对肿瘤某一特定抗原修饰的 ACT 技术外，还要建立针对肿瘤普适性的去抑制 T 细胞技术并转化于临床应用。

**4. 再生医学子领域中的基于合成生物学的人工生物系统建立技术**

该技术方向是以合成生物学为基础，从最基本的要素开始一步步建立零部件，应用体外重建系统指导构建高效人工合成体系等技术建立人工生物系统。这些零部件的合成包括脂肪酸基化学品的微生物法生产、功能糖制备及组合生物合成与化学合成。近年来，包括复用组合生物合成技术、体外重建系统指导构建高效人工合成体系技术、生物膜相似活性物质运输及能量转化或信息传递功能的人造膜研发技术，以及细胞-反应器多尺度混合模型构建与生物过程放大等技术不断完善，支持并发展人工生物系统的建立。

**5. 法医学子领域中的成瘾机制及干预技术（包括药物、网络等各类成瘾）**

该技术的研发成果对我国社会发展与稳定具有重要意义。贩毒、吸毒等犯罪严重危害社会公共安全，对国家经济造成巨大损失，并加剧艾滋病传播。国际上，在毒品结构特征解析、体内代谢规律、检测、毒品依赖机制及防治等方面进行了大量研究。基于我国毒品防控体系建设的重大需求，研究前沿应主要集中在：①毒品化学信息学与生物分析，构建毒品分子构效关系模型及毒品化学信息数据库；②研究毒品分子识别机制，建立复杂生物体系毒品分子鉴定模式与方法；③开展毒品体内代谢组学研究，揭示毒品代谢途径和作用规律，寻找毒品在体内代谢标志物；④毒品依赖机制与防控、中药戒毒机制与应用；⑤新型毒品毒性损害和依赖机制及防控技术；⑥毒驾快速检验技术；⑦网络成瘾的心理及神经生理机制分析和干预技术；⑧神经精神类药物成瘾防控及干预技术。

**6. 药物工程子领域中的智能药物递送体系与新型药物制剂技术**

智能药物是随个性化医疗和精准医疗需要研制的新型药物制剂，是以患者基因为导向的，按种族、性别、年龄、体重、生理、病理及可能的预后等因素专门为患者量身定制的一种安全、有效、经济、合理的制剂。智能化制剂中通常安装有监测生物标志物水平或（和）药物浓度水平等的各种传感器与信号发送装置、特异靶物亲和配体、药物储库与控释微阀、芯片等，使药物按血液（组织）浓度水平、治疗药效、机体生物节律等自动适时适量精准释放，并可在体内自动寻找药物作用靶点。除药物之外，由电、电脉冲、激光等各种光线、磁、超声、热等物理元素组成的生物电子医药装置也可融入智能制剂之中。智能化制剂可经注射、口服、吸入、植入、透皮、透黏膜及可穿戴设备等多种途径给药，通常可在体外设置信号接收与显示装置。智能化药物递送系统涉及的工业技术包括：①为患者定制智能药物制剂的 3D 打印技术；②开发与人体组织相容性好的微电子机械系统（MEMS）所需的微型集成电路、生物传感器件、信号发射与接收器件、微机械装置、微泵、微阀等；③开发生物组织相容性好的可长期滞留体内的各种材料；④开发无毒无害的透生物膜吸收促进剂。这些技术将会给现有的制药工业、药物流通、药品监管体系等带来颠覆性变革。

### 7. 疾病防治子领域中的预防及干预药物与疫苗研发关键技术

疫苗的发明和使用为人类预防传染病做出了巨大贡献，大幅降低了传染病的发病率和死亡率，获得了极高的经济效益和社会效益。近年来，用于预防和治疗癌症的疫苗研发也取得了很大的进展。结构生物学和生物信息学的交叉融合，催生了基于蛋白质三维结构解析的计算机辅助疫苗分子设计技术。该技术有助于疫苗的合理设计与高效生产，既可缩短传统疫苗的研发周期，又能够增强疫苗免疫原性和靶向性，能极大提高成药效率。蛋白质三维空间解析技术（X 射线、核磁共振、电镜等）、计算机模拟技术、生物信息学技术、高效哺乳动物工程细胞技术及大规模细胞培养与生产技术等都将成为基因工程疫苗研发中的关键技术。全人源抗体作为传染病及癌症干预药物，具有其他药物不可比拟的高特异性及靶向性和副作用小的特点。快速、高效、经济的研发全人源抗体关键技术将促进抗体新药及产业的高速发展。人体微生态干预技术在传染病防控、膳食营养改善和个体化医疗等方面都将发挥重要作用。

## 三、技术项目实现可能性、预期实现时间

### (一)预期实现时间分布

医药卫生领域 75 项关键技术预期的世界技术实现时间、中国技术实现时间和中国社会实现时间参见图 3-1。所有技术预期世界技术实现时间为 2019~2031 年,主要集中在 2022~2026 年,至 2026 年能实现的有 55 项,占全部技术的 73%。预期中国技术实现时间为 2020~2033 年,主要集中在 2024~2028 年,至 2028 年预期能实现的有 57 项,占全部技术的 76%。中国社会预期实现时间为 2021~2036 年,主要集中在 2026~2031 年,至 2031 年预期能实现的有 57 项,占全部技术的 76%。

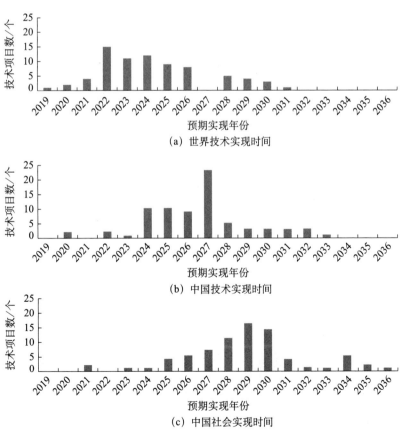

图 3-1　三类预期实现时间的比较分析

### （二）中国技术实现时间与世界技术实现时间跨度分析

1. 医药卫生领域 75 项关键技术中国与世界技术实现时间差别比较分析

这 75 项技术中，预期中国技术实现时间早于世界或同步实现的有 9 项，其中中医药学子领域占据了 7 项。可见，除了中医药学 7 项技术，其他子领域的绝大多数技术中中国技术实现时间均晚于世界技术实现时间，平均相差 2.6 年。相差时间多为 2~3 年，占 68 项技术的 82.35%（图 3-2）。生殖医学子领域中的"不孕不育治疗体系优化"技术预计中国在 2020 年将与世界同步实现，生物物理与医学工程子领域中的"新型中医诊疗器械和设备"技术预计在 2026 年左右中国将与世界同步实现。药物工程子领域中的"新药发现研究与制药工程关键技术"中国的技术实现时间为 2026 年，比世界技术实现时间约晚 5 年。"智能药物递送体系与新型药物制剂技术""（超）大型人群队列研究及数据集挖掘与分析技术""神经系统疾病防控新技术""儿童、青少年发育行为学测量与干预技术""基于合成生物学的人工生物系统建立技术"5 项技术在中国的技术实现时间是 2026~2030 年，比世界技术实现时间约晚 4 年。上述技术中国与世界的差距较大。

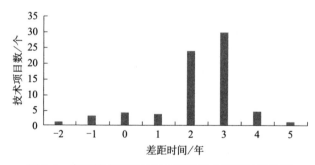

图 3-2　中国技术实现时间与世界技术实现时间差距

2. 技术与应用重要性综合指数最高的前 10 项关键技术中国与世界技术实现时间差别比较分析

技术与应用重要性综合指数最高的前 10 项关键技术世界的技术实

现时间是 2020～2029 年，中国的技术实现时间是 2020～2032 年。除"不孕不育治疗体系优化"和"中药资源保护、先进制药和疗效评价技术"中国与世界同步实现外，其余技术预期我国的实现时间均晚于世界实现时间。其中最重要的一项——"新药发现研究与制药工程关键技术"与世界水平差距相对最大，约为 5 年（图 3-3）。

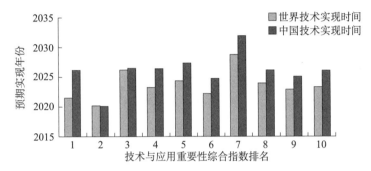

图 3-3　前 10 项关键技术我国技术实现时间与世界技术实现时间的差距

注：10 项关键技术具体名称见表 3-1。

### （三）中国技术实现时间与社会实现时间跨度分析

1. 75 项关键技术预期的中国技术实现时间与社会实现时间的跨度

比较分析 75 项关键技术中国从技术实现到社会实现的时间跨度，范围为 1～4 年，平均为 2.3 年。相差时间以 2～3 年的为主，占全部项目的 84%，见图 3-4。"新型仿生组织与人工器官构建技术""基于合成生物学的人工生物系统建立技术""功能性口腔及眼耳鼻喉新材料构建技术"3 项技术从技术实现到社会应用需要较长时间，约为 4 年。生殖医学子领域的"不孕不育治疗体系优化"和"胚胎植入前和产前无创遗传学诊断新技术" 2 项技术将率先在 2020 年左右实现，2021 年应用于临床。"干细胞介导生物口腔及五官组织再生技术""基于发育学原理的口腔及五官组织再生技术""可控生命体构建与重塑技术""人工智能及大脑模拟关键技术（交叉）"等技术的技术实现时间相对较晚，为 2032～2033 年。

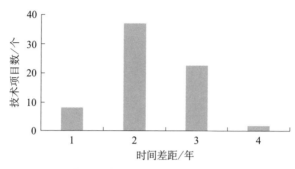

图 3-4　中国技术实现时间与社会实现时间差距

2. 医药卫生领域技术与应用重要性综合指数最高的前 10 项关键技术中国技术实现时间与社会实现时间跨度

医药卫生领域技术与应用重要性综合指数最高的前 10 项关键技术的技术实现时间是 2020～2032 年，社会实现时间是 2021～2034 年。"不孕不育治疗体系优化"技术的技术实现时间和社会实现时间差距最短，约为 1 年；"中药资源保护、先进制药和疗效评价技术""基于组学大数据的疾病预警及风险评估技术"和"再生医学、干细胞技术、复合活性生物材料" 3 项技术从技术实现到社会应用的时间相对较长，约为 3 年（图 3-5）。

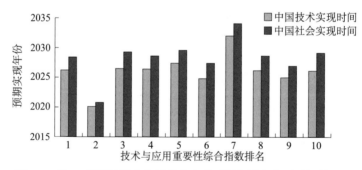

图 3-5　前 10 项关键技术我国技术实现时间与社会实现时间的差距

注：10 项关键技术具体名称见表 3-1。

**（四）医药卫生领域 75 项关键技术预期中国技术实现时间与重要程度综合分析**

将技术与应用重要性综合指数排序前 1/3 区域定义为"高重要程度区

域"，后 1/3 区域定义为"低重要程度区域"；同时对技术方向的预期实现时间进行分类，将 2015～2020 年定义为近期，2021～2025 年为近中期，2026～2030 年为中远期，2031～2035 年为远期。

根据德尔菲调查结果，技术方向按照"预期实现时间"和"技术与应用重要性综合指数"两个指标进行分类，结果见图 3-6。

在所预见的全部 75 项关键技术方向中，预计近期有 2 项技术能够实现，占 2.67%；近中期有 23 项技术能够实现，占 30.67%；中远期有 43 项技术能够实现，占 57.33%；远期有 7 项技术能够实现，占 9.33%。在 25 项"高重要程度区域"技术中，除"不孕不育治疗体系优化"和"胚胎植入前和产前无创遗传学诊断新技术"2 项技术在近期完成，有 1 项技术"成瘾机制及干预技术（包括药物、网络等各类成瘾）"在远期完成外，预计其余 22 项技术均在中远期或近中期实现。

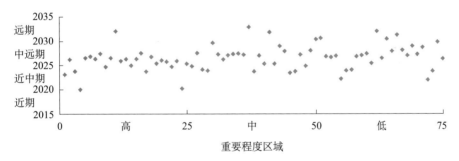

图 3-6　技术预期实现时间与技术与应用重要性综合指数分析

## 四、技术项目实现的约束条件（包括我国研发基础、竞争力等）

### （一）技术领先国家

医药卫生领域的所有 12 个子领域中，除中医药学子领域外，美国在其他 11 个子领域拥有绝对技术优势，其次为欧盟和日本；中医药学方面，除中国外，日本也具有一定优势。

### （二）研发水平指数

医药卫生领域 75 项关键技术方向研发水平指数的均值为 33.29。其中，中医药子领域 7 个技术研发水平指数均值为 82.54，除去中医药，其他 11 个子领域研发水平指数均值下降到 28.22。

研发水平处于国际领先的技术有 5 项（指数大于 80），处于较领先的有 2 项（60 ＜指数≤80），以上技术均为中医药领域技术；研发水平与世界持平的技术方向有 13 项（40 ＜指数≤60）；处于较落后的有 35 项（20 ＜指数≤40）；处于落后的有 20 项（指数≤20）。我国处于较落后和落后的技术方向共 55 个，占医药卫生领域 75 项关键技术的 73.33%；如果从这75 项中去除中医药领域的 7 个技术方向，我国处于较落后和落后的技术方向占比达到 80.88%。可见，我国医药卫生领域关键技术方向总体研发水平不高。

75 项技术方向研发水平指数参见图 3-7。可见，其中第 66 项技术"中医'治未病'技术"的研发水平指数最高，为 89.71；第 71 项技术"环境法医学检验技术"的研发水平指数最低，为 5.22。

技术与应用重要性综合指数最高的前 10 项技术方向研发水平指数为10.87～66.49，平均为 35.06。技术与应用重要性综合指数最高的一项关键技术，即第 55 项技术"新药发现研究与制药工程关键技术"，其研发水平是最低的，研发水平指数仅为 10.87。

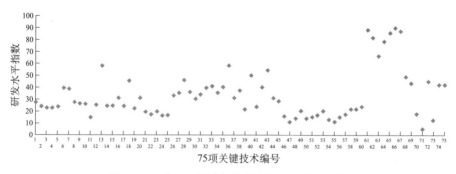

图 3-7　医药卫生领域各技术方向研发水平指数

### （三）制约因素分析

整体来看，人才队伍及科技资源是医药领域技术发展的首要制约因素，其次是研发投入，而医药领域技术的发展受工业基础能力的影响不大（图3-8）。医药卫生领域的12个子领域中，受人才队伍及科技资源和研发投入制约相对较强的是药物工程，受标准规范制约相对较强的是生殖医学，受法律法规政策制约相对较强的是再生医学、生殖医学和整合医学与医学信息技术，受协调与合作制约相对较强的是整合医学与医学信息技术，而生物物理与医学工程受工业基础能力的制约程度相对大于其他子领域（图3-8、图3-9）。

受人才队伍及科技资源制约影响最大的两项技术均来自药物工程子领域，分别为"基于系统生物学的药物研究体系"和"智能药物递送体系与新型药物制剂技术"，二者受研发投入制约的影响也比较大，分别位于第1位和第3位，而且"智能药物递送体系与新型药物制剂技术"的非连续性指数和重要颠覆性指数都比较高，但研发水平指数仅为21.57，需要适度引起关注。

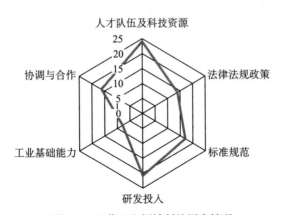

图 3-8　医药卫生领域制约因素情况

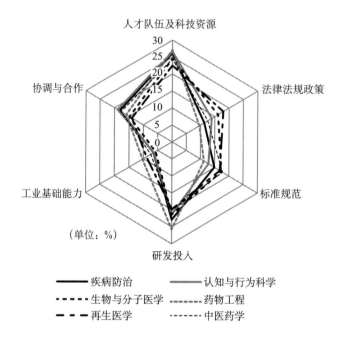

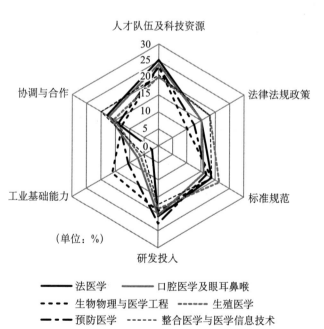

图 3-9 医药卫生领域各子领域制约因素情况

受法律法规政策制约性较强的排名前 10 位的技术中，再生医学子领域有 3 项技术，其中"细胞与组织修复及器官再生的新技术与应用""基于干细胞的体内外组织、器官再造技术"分别处于第 1 位和第 2 位，前者同样受标准规范制约的影响较大。"细胞与组织修复及器官再生的新技术与应用"是医药卫生领域技术与应用重要性综合指数排名第 10 位的关键技术，"基于干细胞的体内外组织、器官再造技术"的核心性指数排名第 2 位。因此，制定和完善相关法律法规政策和标准规范可推动上述两项重要技术的发展。

标准规范制约性指数排名前 10 位的技术中，生殖医学子领域占据了 5 位，其中"不孕不育治疗体系优化"技术同时受法律法规政策的制约也较强。该技术通用性指数和带动性指数都较高，为医药领域重要共性技术和重要颠覆性技术，是对经济和社会发展作用较大的重要技术。我国该技术的成熟度与世界处于同一水平，有望于 2020 年实现，是所有技术方向中有望最早实现的技术之一。因此，有关标准规范和法律法规政策的制定和完善是促进该技术得以实现的有力保障。

工业基础能力制约性指数排名前 10 位的技术中，"口腔及五官医疗新设备研发与应用技术"处于第 1 位。另外，生物物理与医学工程子领域有 4 项，包括"新型医用机器人和手术导航系统""生物 3D 打印技术及生物 4D 打印技术的研发与应用""基于声、光、电、磁的新型诊断治疗技术""新型生物材料与纳米生物技术"。生物物理与医学工程子领域上述技术的通用性、带动性和非连续性都比较强，提示提高工业基础能力对于上述技术的发展具有重要意义。

协调与合作制约性指数排名前 10 位的技术中，疾病防治子领域"（超）大型人群队列研究及数据集挖掘与分析技术"和中医药子领域"中医药防治慢性病与健康服务理论发展与应用技术"分别处于第 1 位和第 2 位，另外，整合医学与医学信息技术子领域占据了 4 项。在整合医学与医学信息技术领域中的 5 项技术，协调与合作分别是其第一或第二制约因素，其中的"面向社区的健康大数据及智能健康管理系统"技术的通用性、带动性和社会发展重要性较强。可见，加强学科和相关部门之间的协调与合作，将可以推动上述技术的健康发展。

## 第二节　医药卫生领域工程科技发展的制约因素

医药卫生领域前 10 项关键技术的首要制约因素主要为人才队伍及科技资源，次要制约因素主要为研发投入，个别技术受法律法规政策、标准规范制约较大。据此，加大人才队伍建设是首要任务，也是持续、长期任务；其次科研投入应持续不断增加，不能削弱；最后要加强法律法规政策和标准规范的制定，以促进或保障重要关键技术的发展。

本次调查排名前 10 项的重要共性技术和重要颠覆性技术，其发展的第一制约因素和第二制约因素仍主要是人才队伍及科技资源和研发投入。但是，重要共性技术"面向社区的健康大数据及智能健康管理系统"受协调与合作和标准规范制约因素的影响比较大；重要共性技术也是重要颠覆性技术的"不孕不育治疗体系优化"受标准规范和法律法规政策的制约更明显；重要共性技术"食品安全防控识别体系及安全控制技术"发展的第一制约因素是法律法规政策；而重要颠覆性技术"生物 3D 打印技术与生物 4D 打印技术的研发与应用"的第一制约因素则是工业基础能力。同样，除务必加强人才队伍建设和研发投入外，有所侧重地改善其他制约因素，才能更好地促进我国医药卫生领域重要共性和重要颠覆性技术的发展。

# 第四章
# 医药卫生领域工程科技发展的
# 总体战略

---

　　根据我国医药卫生领域工程科技预见及发展能力分析结果，围绕经济社会发展对医药卫生领域的重大需求及工程科技发展趋势的影响，提出面向 2035 年前后我国医药卫生领域工程科技的发展思路；面向未来，提出我国医药卫生领域工程科技 2025 年较为具体的发展目标，以及 2035 年前后我国医药卫生领域工程科技发展的总体目标，提出医药卫生领域工程科技发展的总体构架，描述总体发展路线图。

# 第一节  发展思路与框架

实施"健康中国"战略，以建设"健康中国"为目标，多学科协同发展，从疾病与健康机制阐明、预防与干预、药械研发、精准医学、整合医学等全方位提高我国医药卫生发展水平。以控制慢性病流行为目标，实施精准防治策略，有效遏制慢性病快速增长的趋势，降低重大慢性病过早死亡水平。实行国家战略规划，控制新发传染病发生与流行。不断加强精神性疾病的控制能力和水平，实现衰老过程的干预和脑科学的跨越式发展。以全民生殖健康需求为导向，推动生殖医学发展。全面提升我国化学制药、生物制药创制水平，加强药用动植物保护和培育，科学发展中医方剂及制药工艺，传承和发扬中医药理论体系。以全民健康需求为导向，坚持"发展高科技，实现产业化"发展理念，推动生物技术成果的转化应用和产业化衔接，大力推动组织工程及器官再生技术研发，使我国成为生物技术强国和生物产业大国。全力开展生物医学大数据的开发与利用，加快生命体征传感器技术发展步伐，引导数字化医学和智慧健康产业发展。以提高医学效能为目标，构建整合医学的防治体系，切实推动整合医学的发展。面向 2035 年中国医药卫生领域工程科技发展框架如图 4-1 所示。

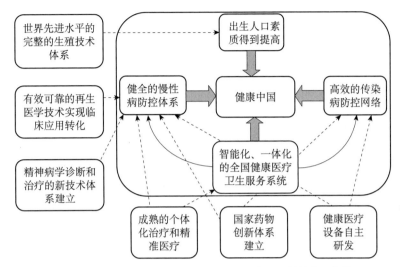

图 4-1　面向 2035 年的中国医药卫生领域工程科技发展框架

# 第二节　战 略 目 标

## 一、2025 年战略目标

2025 年，医药卫生技术总体达到世界中上游水平，基本满足建设"健康中国"的需求，实现从"以治病为中心"到"以健康促进为中心"的过渡。

在慢性病发生与干预机制方面有创新性突破；主要传染病流行水平保持在世界卫生组织推荐的控制标准以下，初步建立较为完备的跨物种传播疾病和生物安全防控体系；建立精神疾病早期预警体系，涵盖快速、准确、全面的监测、预警和处置的全程化早期评估模式。绘制完成全新人类脑图谱，类脑计算和人工智能技术达到国际先进水平。构建我国生殖疾病和出生缺陷防治的全链条研发体系。建立以系统生物学为基础的药物研发平台，开展组学方面的药物高通量筛选；转基因动物制药生产效率得到显著提高；在中医药领域初步构建方剂知识库及病症生物网络，建立方剂功效物质整合调节机制研究技术体系。精准医学研究及临床水平位于国际前沿，创制出 8～10 种精准治疗方案，并在全国推广实施，开展恶性肿瘤、高血压、糖尿病、出生缺陷和罕见病的精准防治。在组织修复与再生的关键理论上有重要创新和突破；建立比较完善的干细胞、组织工程及再生医学的法规和法律体系。在新型移动医疗、新型诊断治疗、介入治疗和可穿戴智能设备、数字医学与人机接口技术和新型生物材料与纳米生物技术等方面取得重大突破。建立环境污染与健康风险评估、风险管理、风险监测预警、突发性污染事故环境与健康应急防控、职业危害监测等技术和控制平台。建立食品安全识别体系。初步建成完善的智能化、一体化健康医疗卫生服务体系。各子领域具体目标如下。

### 1. 生物与分子医学领域

初步完成影响我国人民生活质量的最重要的几类疾病的多组学数据检测，构建模型，解析机制，识别分子标记；精准医学研究及临床水平位于国际前沿，部分具有中国特色疾病诊疗水平引领国际发展；针对某些肿瘤、心脑血管疾病、糖尿病、罕见病分别创制出 8～10 种精准治疗方案，并在全国推广实施；组织实施"中国精准医学"科技项目，重点开展恶性肿瘤、高血压、糖尿病、出生缺陷和罕见病的精准防治治疗；加强创新能力、监管法规、保障体系建设；基本解决基因治疗的安全性、潜在风险性问题，全面推进基础实验和动物实验的完成；完成电子病历的建立，建立生物医学大数据量化标准，培养计算、医学、统计、生物信息复合型人才，加强各领域配合。

### 2. 再生医学领域

在组织修复与再生的关键理论上有重要创新和突破；通过精准基因编辑技术建立适宜人类器官移植的人源化大动物模型；建成 12 个左右的治疗用干细胞库，形成几十个科研用干细胞技术产品，研制成功 6～8 个干细胞药物制品，创建 5～6 种难治性疾病的干细胞移植标准临床方案并推广应用；建立比较完善的干细胞、组织工程及再生医学的法规和法律体系；建成5～6个集产、学、研为一体的再生医学转化平台。

### 3. 生物物理与医学工程领域

自主研发高端医疗设备与仪器，生物物理与医学工程技术整体水平达到国际先进水平，部分领域达到国际领先水平，建立健全生物物理与医学工程创新体系，获得一批原创的突破性成果；在新型移动医疗、介入治疗和可穿戴智能设备、数字医学与人机接口技术、新型诊断治疗技术、新型生物材料与纳米生物技术等方面取得重大突破。

### 4. 药物工程领域

初步建立以系统生物学为基础的药物研发平台，开展组学方面的药物高通量筛选；转基因动物制药生产效率得到显著提高，与国外先进水平存在的差距不断缩小；可以快速开发出防治新发传染病的药物和疫苗；研制出具有自主知识产权用于重大疾病防治的生物技术药物、诊断试剂、化学药物等；各项生物工程技术日趋完善。

### 5. 中医药领域

从药-方-证-病多个层次入手，初步构建方剂知识库；构建病症生物网络，开展中医证候研究，从整体上把握病因、机制及其转变规律；建立方剂功效物质整合调节机制研究技术体系；构建类方网络方剂学模型；创建基于网络平衡的中药配伍优化方法；中药制剂基本理论与方法不断完善；完成中药资源保护的系列研究，并开发出用于实践的成熟技术；建立中药资源的中药效应因子-生物因子联合检测技术平台；系统整理和诠释中医预防保健（"治未病"）理论，建立理论体系框架；优化集成一批效果明确、经济实用的中医预防保健方法和技术；建立相对系统的中医预防保健（"治未病"）服务标准和规范；完善中医预防保健（"治未病"）服务业态和服务模式。

### 6. 预防医学领域

建立环境污染与健康风险评估、风险管理、风险监测预警、突发性污染事故环境与健康应急防控、职业危害监测等技术和控制平台；建立食品安全识别体系；建立起靶标清晰、风险可控的菌群重构和干预技术；初步建立较为完备的跨物种传播疾病和生物安全防控体系。

### 7. 疾病防治领域

建成我国慢性病、肿瘤和衰老研究的超大型人群队列，用于开展流行特征、发病机制及防控措施效果评价方面的研究工作；在慢性病发生与干预机制方面有创新性突破。在传染病防控方面，发病机制、防控技术的研究处于国际先进水平，其研究成果转化应用于传染病防控实践，使我国主要传染病流行水平控制在世界卫生组织推荐的控制标准以下。

### 8. 认知与行为科学领域

建立精神疾病早期预警体系，涵盖快速、准确、全面的监测、预警和处置的全程化早期评估模式；各级精神卫生医院广泛开展物理治疗；分子影像学研究迅速发展，实现全脑网络可视化；精神外科技术广泛用于治疗难治性精神障碍；建立较为完整的医疗照护辅助服务体系；绘制全新人类脑图谱，建立大脑认知功能模拟、解析仿真、类脑计算系统研发等系列平台，我国类脑计算和人工智能技术达到国际先进水平。

### 9. 生殖医学领域

在出生缺陷的遗传分析、信息分析、调控机制、遗传指导、筛查和诊断技术等领域取得突破，揭示重大规律，提出新的理论；发现重大出生缺陷疾病的致病或易感新基因，明晰和阐释其致病机制；研发防治生殖疾病和出生缺陷的新策略、新技术、新方法；研发安全避孕药具新产品并实现产业化；建立我国生殖疾病和出生缺陷防治的全链条研发体系。

### 10. 口腔眼耳鼻喉领域

基于发育学原理的组织再生技术、干细胞介导的组织再生技术、功能性组织新材料构建技术取得阶段性进展并用于动物实验或临床试验；口腔颌面部感染性疾病防治技术有所突破；逐步建立 3～5 个口腔科、眼科、耳鼻喉科大数据平台。

11. 整合医学与信息技术领域

初步建成完善的整合型卫生服务提供体系；研究和建立一套完整的整合医学核心概念和理论体系；建立起跨学科研究团队，以整合医学思想为指导建立新的疾病风险预测技术、疾病诊断技术及治疗技术；围绕整合医学的理念，改革现有医学教育课程设置及教育方式，推动中国整合医学教育向全世界的推广；初步建立记录生命全程的健康信息数据库；物联网技术广泛应用于医学干预过程；完成全国统一的远程医疗服务体系和区域化医疗信息管理网络构建。

## 二、2035 年战略目标

2035 年，我国医药卫生技术总体达到世界先进水平，部分领域处于前沿位置，极大满足建设"健康中国"的需求，为全面实现"人人享有健康"的战略目标提供技术保障。

建成全社会一体化的综合防控慢性病的预防体系；传染病总体防治能力及应对突发疫情的关键技术达到世界先进水平；脑重大疾病预防与治疗技术取得重大突破，建成全球有重要影响力的脑科学科技创新中心；重大出生缺陷发病率、患病率、致残率和死亡率均显著降低。转基因动物制药和生物医药技术跻身世界先进水平；中药制剂技术得到创新性突破，建立创新中药的发现方法与设计理论。精准医学整体实现创新突破和临床应用，带动相关产业发展；基因治疗方法广泛应用于临床治疗。再生医学科技创新平台达到国际领先水平。生物物理与医学工程研究领域跻身国际前列。构建完善的环境污染与健康风险评估及风险监测预警技术；建立和推广食品的风险识别、风险评估、风险控制及全程化追踪与溯源等信息化管理体系。全面建立全国范围医学信息技术体系，形成围绕健康医疗卫生信息管理网络的世界先进的现代化健康产业系统。各子领域具体目标如下。

1. 生物与分子医学领域

利用多种基因组分析技术建成我国自己的疾病大数据中心，包含遗传变异数据、转录组数据、表观组数据、蛋白质组数据和结构数据等，覆盖我国主要的重大疾病类型;实现部分重大疾病在临床中的分子诊断、预后评估及分子治疗;我国精准医学整体实现创新突破和临床应用,带动相关企业发展;全面推进基因治疗的开展,将基因治疗方法广泛应用于临床治疗中;建立较为完善的基因治疗指南与政策制度,保障基因治疗安全、有效地开展;利用生物医学大数据,建立疾病预警、预测模型,实现实时的个性化健康管理。

2. 再生医学领域

实现第一例人源化大动物异种器官对非人灵长类的移植,实现疾病终末期治疗和器官异种移植研究的长足进步,为人源化异种器官在人类移植的临床应用奠定良好的基础;建立国际领先的集基础医学和转化医学为一体的再生医学科技创新平台;再生医学总体水平国际先进,某些领域国际领先。

3. 生物物理与医学工程领域

形成特色鲜明、国际领先的研究基地和转化医学基地,使我国的生物物理与医学工程领域研究水平跻身国际前列,从整体上提升我国医学的诊断及治疗水平;建立我国生物物理与医学工程的全链条研发体系。

4. 药物工程领域

完善新药研发平台,针对一些生物活性高的药物开展临床研究;提高我国转基因动物制药的自主开发能力,扩大生产规模,增强经济效应;我国生物医药产业在全球生物产业中占有重要地位,生物医药技术跃居世界先进水平,形成一批具有国际领先创新能力的跨国生物医药企业,使我国成为生物医药强国。

5. 中医药领域

构建源自于方剂的新药创制技术体系;使用现代科技手段阐明中药方剂配伍理论;揭示方剂化学成分网络与机体生物分子调控网络间的网格关系,建立创新中药的发现方法与设计理论;形成可应用于产业化的中药制剂关键共性技术,符合中药特点且具有自主知识产权的制药装备和一批临床急需、安全有效且高水平的创新中药产品，构建中药产业制剂技术协同创新；在中药效应因子-生物因子联合检测技术平台建立的基础上，进行中药新资源的开发，实现中药的可持续发展；在体质分型的基础上，开发芯片等辨识工具，提高体质辨识的准确性，为疾病预测、预防、诊疗提供新的路径；初步形成中医预防保健（"治未病"）服务科技创新体系。

6. 预防医学领域

构建完善的环境污染与健康风险评估技术及风险监测预警技术；建立和推广食品的风险识别、风险评估、风险控制及全程化追踪与溯源等信息化管理体系；基本查清我国主要人群对常见病原体的易感性基因分布规律，构建新发病原体威胁水平的预测模型；累积较为丰富的候选疫苗库和治疗性抗体池，能够在短时间内投入批量生产，应对可能出现的高风险跨物种传染病暴发流行；预防医学领域技术整体上达到发达国家中上水平，将对我国经济增长和社会发展产生深远的影响。

7. 疾病防治领域

依托于慢性病和衰老的超大型人群队列，系统开展流行病学调查研究，为开展适合我国国情的慢性病和衰老防控、制定诊疗指南提供科学依据；运用数据库及关联研究，阐明衰老的发病机制；在建成系统性的工程科技体系的基础上，建成全社会（包括政府、地方、各管理部门、民间、环境、生态、企业等）一体化的综合防控慢性病的预防体系；传染病总体防治能力及应对突发疫情的关键技术达到世界先进水平。

8. 认知与行为科学领域

精神疾病的分子遗传学研究迅速发展，开展基因诊断技术，研制出基于基因诊断的用于临床工作的基因筛查工具；筛选出高特异性和高灵敏性的生物学标志物；开放血脑屏障及脑靶向递药技术和精神神经修复学技术应用于临床；实现对老年失能、失智患者的早期诊断、早期治疗；建成可持续的失能、失智早期评估、预防体系，失能、失智所致的伤残及死亡率显著降低；脑重大疾病预防与治疗、类脑计算机和类脑人工智能等方面取得重大突破，推动科技成果转化和应用，将中国建设成为全球有重要影响力的脑科学科技创新中心。

### 9. 生殖医学领域

我国生殖健康、生殖疾病和出生缺陷防控科技水平整体上大幅度提升，跻身国际前列，生殖健康水平大幅度提高，重大出生缺陷发生率、患病率、致残率和死亡率均显著降低。

### 10. 口腔眼耳鼻喉领域

建立适合我国国情的头颈部及眼耳鼻喉疾病的早期筛查及防治体系；促进新型材料的研发及应用；推动并进一步实现疾病诊治的微创化、数字化、精准化；实现组织器官损伤的组织工程化修复与再生。

### 11. 整合医学与医学信息技术领域

在各级医疗、卫生服务机构、区域卫生系统及与其他社会服务系统的各个层次上，整合医学与医学信息技术体系全面建立；动态 E-health bank 及信息平台运行良好；健康需求完成由传统、单一的医疗治疗型向疾病预防型、保健型和健康促进型转变；覆盖全国的远程医疗服务网络体系构建完成；全国联通的医疗信息管理网络建成；形成围绕医疗信息管理网络的世界先进的现代化健康产业系统。

## 第三节　我国医药卫生领域科技总体发展路线图

随着我国经济社会的发展，人们对健康的需求不断提升。同时，随着老龄化社会的到来，我国各种慢性病和衰老相关性疾病的防治需求增加。2025 年，我国医药卫生技术总体达到世界中上游水平，基本满足建设"健康中国"的需求。2035 年，我国医药卫生技术总体达到世界先进水平，为全面实现"人人享有健康"的战略目标提供技术保障。医药卫生领域科技发展总路线图（图 4-2）的制定基于如下考虑。

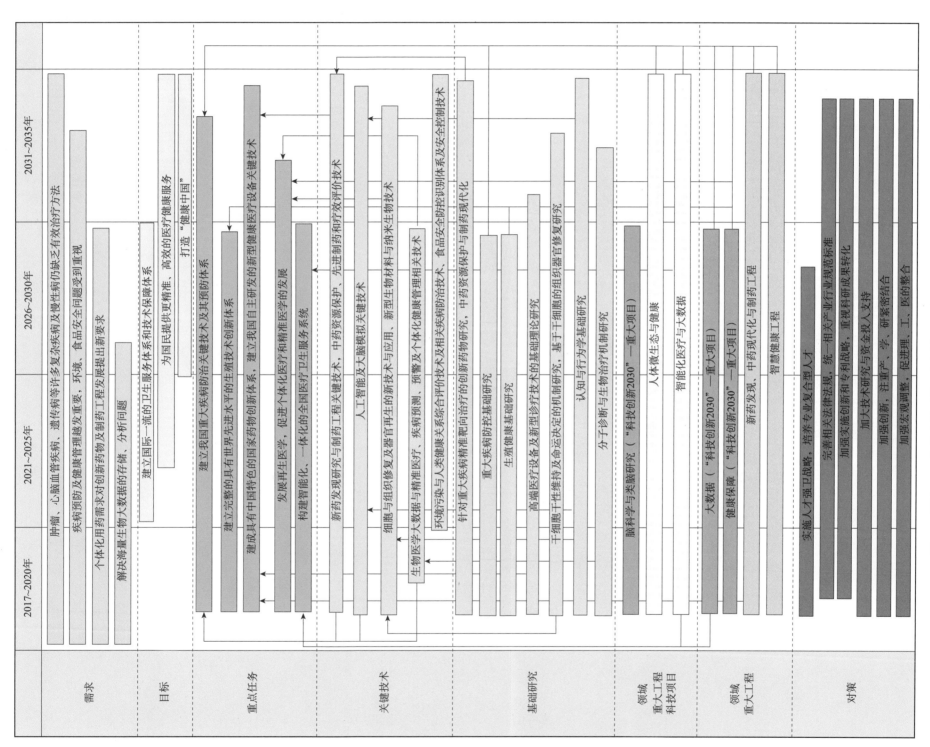

图 4-2　面向 2035 年的中国医药卫生领域工程科技发展技术路线图

### 1. 环境污染与人类健康关系及相关疾病防治技术日益受到重视

建立适合我国特点的环境污染的健康损害调查技术规范，预防和控制环境污染及相关疾病，重点发展环境污染与人类健康关系的评价技术；同时，建立食品安全防控识别体系及安全控制体系，在此基础上，深入研究食物营养、基因、疾病关系的证据，逐步建立数据库并实现精准化营养，大力发展与疾病相关的人体微生态干预技术；不断完善应对突发疫情、生物恐怖等生物安全的关键技术、跨物种传播病原体的监测预警和风险评估等相关技术。在 2035 年日趋紧迫的环境污染和经济快速增长的矛盾将得到缓解，食品安全得到保障，实现可持续发展的愿景。

### 2. 疾病防治应以慢性病的防控为核心

对于慢性疾病的防控，应充分利用慢性病防控超大型人群队列的资源，以及国家正在建设的全国居民信息化工程，包括居民电子病历和电子健康档案，深入开展生物信息大数据的采集与分析，直观全面地掌握慢性病和衰老的发生机制和进程，寻找在三级预防不同环节中的关键技术，及时用于干预行动，并对其防治效果进行评价，以便应用推广。利用国家传染病防控技术研究平台，结合全国重大传染病防治示范区和人群队列，做好顶层设计，不断完善重大传染病防控措施，包括早期发现、早期诊断、早期治疗的新技术，以及危重患者的救治技术，将我国传染病控制在世界卫生组织规定的水平以下，有些传染病控制达到发达国家水平。到 2035 年，我国基层医疗机构执业人员对慢性病的三级预防行为逐步规范，医疗服务能力显著提高。

### 3. 社会经济不断发展的同时，认知与行为领域的研究不断加强，并应用于精神疾病和神经疾病防治

建立生物精神病学诊断和治疗的新技术体系；建立临床研究大数据平台及患者信息化管理平台，建立精神疾病早期预警体系；开展精神疾病的分子遗传学研究、分子影像学研究、生物诊断标志物研究和新药的研发；通过物理治疗、精神外科治疗、精神疾病的基因治疗和精神神经修复学技

术等多种手段，实现精神疾病的救治。通过多学科的交叉融合，多领域的共同发展，促进精神医学领域的快速、长足发展，最终实现早期发现高危人群，早期确诊，给予安全有效的干预手段，提高疾病的痊愈率，减少国家的经济和社会负担。

4. 积极推进疾病的个体化治疗和精准治疗

应首先探究并解决基因治疗领域的重要问题：确定新的致病基因，探究基因表达调控机制，提高基因治疗系统效率，同时，增加导入基因表达的可控性和解决基因治疗安全性问题，寻找适合基因治疗的基因载体，并应用于大规模生产中，使基因治疗应用于临床试验与治疗。到 2035 年，实现个体化治疗的推广和基因治疗效果评估体系的建立，提高城镇医疗保险制度的完善及居民收入水平，解决社会舆论及伦理制约问题。

5. 药物工程领域的发展对于疾病的防治至关重要，与疾病防治领域的关键技术相辅相成

重点任务包括对化学物质基础研究、现代药理学研究、网络生物学研究，主要开展药物作用和疾病相关的内容研究及系统生物学研究。同时，中医药学作为当今研究热门领域，其发展应遵循：体现整体动态观的配伍思想；融入医家学术思想的配伍思路；结合药物特性的配伍思路；兼顾病变主次、标本缓急的配伍思路；针对症、证、病的配伍思路。现代制剂技术要求，中药制剂的整体发展构架应该在保证安全、有效、实用的基础上，朝着定量、定时、定位的研究方向发展。现代药剂的发展总趋势应从新理论、新技术、新设备三个方面出发，以达到高效、速效、长效，服用量小，不良反应少的目的，从而实现医药领域的现代化、产业化、国际化。

6. 新材料和新技术的发展，与医疗需求密切相关

到 2035 年，应用再生医学领域的研究能够实现以下几个方面的突破：一是新型仿生材料研发；二是干细胞的体内外发生转化机制阐明；三是转基因动物的人源化异种器官构建基础研究。在此基础上，开展向临床应用

领域转化的技术研究。在解决了关键科学问题的基础上，最终实现工程技术突破。基于成体干细胞研究的飞速发展，基于发育学原理的口腔及五官组织再生技术成为可能。创新型生物工程关键技术方面的重大突破需要生物医学工程领域科技发展的支撑：要建立研究、开发、产业化的关键技术平台；形成上、中、下游系统的整合与集成，实现生产能力规模化，最终提高国际竞争力。

7. 随着当今社会人口数量的不断上升，疾病种类增加，发病诱因多样化等局面，生殖医学领域的重要性日益增强

在全国将建立生殖疾病和出生缺陷防治高新技术转移示范基地，利用三级防控协同网络，建立临床示范中心，开展基于大数据的重大出生缺陷风险预测与预警、高效无创出生缺陷产前筛查与诊断，以及出生后早期筛查、检测及诊断、治疗关键技术和新产品的示范应用研究。在2035年，可以预计我国生殖医学创新型技术将位于世界前列。

8. 基于整合医学防治体系的建立，以获得最优良的治疗和健康

整合步骤主要包括三个层次四个内容。三个层次分别是提高患者的疾病治疗效果；提高人群的疾病防治效果和人群健康水平；提高人群健康水平与生活质量，实现社会健康。四个内容分别为临床各科室跨学科服务整合；中西医和替代（补充）医学的跨系统服务整合；防、治、保、康、健、教一体化的预防与治疗服务跨体系整合；传统卫生行业与其他社会系统的跨域服务整合。

9. 法医学与经济的发展和社会的稳定密切相关

要进一步在法医遗传学、法医毒物学和法医病理学等领域进行深入系统的创新性研究，解决DNA多态性与遗传表型关系、复杂亲缘关系鉴定、毒物毒品体内代谢规律及代谢组学、毒品依赖分子机制、复合因素引起死亡的分子机制、应激性损伤（死亡）、心源性猝死组织变化规律、环境人身损害等一系列基础理论难点和关键技术问题，并通过合作研究、推广应用、标准制订、交流培训和人才培养等多形式、多层面的技术扩散，引领

和带动法医学科的整体进步与技术创新。

基于以上提出我国医药卫生领域面向 2035 的重点任务如下。

（1）建立我国慢性病防控的关键技术及其三级预防体系。

（2）构建高效的防控新发传染病网络。

（3）建立生物精神病学诊断和治疗的新技术体系。

（4）建立完整的具有世界先进水平的生殖技术创新体系。

（5）建成具有中国特色的国家药物创新体系。

（6）建立用于临床治疗的细胞与组织修复技术及组织器官再造技术。

（7）发展成熟的个体化治疗和精准医疗技术。

（8）建立我国自主研发的新型健康医疗设备关键技术体系。

（9）构建智能化、一体化的全国健康医疗卫生服务系统。

为了实现"健康中国"的目标，促进面向 2035 年中国医药卫生领域重点任务的实现，需要在新药发现研究与制药工程关键技术，中药资源保护、先进制药和疗效评价技术，人工智能及大脑模拟关键技术，细胞与组织修复及器官再生的新技术与应用，新型生物材料与纳米生物技术，生物医学大数据与精准医疗，疾病预测、预警及个性化健康管理相关技术，环境污染与人类健康关系综合评价技术及相关疾病防治技术，食品安全防控识别体系及安全控制技术等关键技术领域实现突破。

应加强以下方面的基础研究，包括分子诊断与生物治疗机制研究、干细胞干性维持及命运决定的机制研究、基于干细胞的组织器官修复研究、针对重大疾病精准靶向治疗的创新药物研究、中药资源保护与制药现代化、重大疾病的发病机制及防治、高端医疗设备及新型诊疗技术的基础理论研究、认知与行为医学基础研究、生殖健康基础研究等。

在新药发现、中药现代化与制药，人工智能与神经系统，基于声、光、电、磁的新型诊断和治疗技术推进，基于再生医学的人工组织器官再造技术，基于分子诊断与生物大数据分析的精准医学，慢性病防控，出生缺陷检测和预防新技术新产品研发等方面设立重大工程，同时在脑科学与人工智能、生物与分子医学、高端医疗器械、转基因动物技术和转基因动物制药、营养防控慢性病、发育与生殖研究、靶向病原体防御技术、人体微生态与健康、智能化医疗与大数据和法医学等方面设立重大科技项目，在国家层面予以支持和推动我国医药卫生事业的全面发展。

　　未来，实施人才强卫战略，培养专业复合型人才，加大技术研究与资金投入支持，完善相关法律法规，统一相关产业行业规范标准，加强实施创新和专利战略，重视科研成果转化，注重产、学、研紧密结合，加强宏观调整，促进理、工、医的整合，将有利于我国医药卫生领域工程科技重点任务的实施。

# 第五章
# 医药卫生各子领域工程科技重点任务与发展路径

———

　　根据医药卫生领域工程科技的总体战略构想，在"中国工程科技中长期发展战略研究"提出的任务基础上，深化研究，进一步提出2016～2035年医药卫生领域重点任务。以"创新、协调、绿色、开放、共享"发展理念为统领，以建设"健康中国"为目标，围绕人类健康与疾病预防诊疗关键技术，设立并完成医药卫生领域重大工程和重大科技项目，实现基础医学、临床医学、药学、预防医学结合社会及理工等多学科协同发展，阐明健康与疾病的发生、发展机制，在重点疾病防治关键技术等方面寻找突破口。

医药卫生领域工程科技重点任务具体来说，一是综合运用组学大数据和生物医学大数据，分析未来我国医药卫生领域重大科技创新和成果转化的愿景，进而抢占工程技术制高点，对严重危害人类健康的关键因素和重大疾病进行临床研究。二是实施预防为主、防治结合的健康策略，完善卫生服务和技术保障体系，在控制慢性病流行的同时，以降低居民疾病经济负担为目标，建立完整的整合医学核心概念和理论框架，切实推动整合医学的发展。三是紧密围绕人口均衡发展，提高出生人口素质和育龄人群生殖健康水平。四是加强应用干细胞技术、再生医学技术、免疫学技术、基因编辑技术、生物物理技术，以及分子诊疗、微创诊疗、导航、机器人、介入治疗和可穿戴智能设备等技术，实现更精准、高效的医疗健康服务。五是加强对药物研发关键技术的自主创新，创制出更多具有自主知识产权的新药，逐渐缩小与发达国家的差距，同时建立并完善中药质量评价体系，使中医、中药发展水平达到国际化标准，全方位提高我国医药卫生发展水平。

2016～2035 年，生物与分子医学、再生医学、生物物理与医学工程、药物工程、中医药、预防医学、疾病防治、认知与行为医学、生殖医学、口腔医学、整合医学与医学信息技术、法医学等医药卫生领域 12 个重点子领域的发展思路、发展目标、重点任务及发展路线图将在下文中详述。

# 第一节　生物与分子医学领域

## 一、发展思路

发展计算机硬件系统、云计算技术、计算机学习技术，为组学等生物医学大数据的分析处理提供所需的技术支持。建立生物医学数据标准，构建数据库共享平台，促进生物医学大数据在疾病预防、诊疗和健康管理中的进一步应用。发展基因编辑相关技术，推进基因编辑临床应用步伐。

## 二、发展目标

推进疾病的临床诊断、治疗和预后评估，对重要疾病领域实施精准防治，提高医疗卫生服务水平。建立基于生物医学大数据库的疾病预警、预测模型并应用于个性化健康管理。利用基因编辑技术治愈代谢类遗传疾病。

## 三、重点任务及发展路线图

发展组学等生物医学大数据处理相关的关键技术，为大数据分析处理提供技术支持。利用组学大数据和生物医学大数据完善疾病预警及风险评估技术，完成我国不同人群不同病种的全面数据检测，并构建疾病预测、预警模型，对重大疾病进行有效精准预防诊疗，同时应用于个性化健康管理。建立基因治疗的关键性新型技术平台，对严重危害人类健康的重要疾病进行基因治疗临床研究。生物与分子医学领域发展路线见图 5-1。

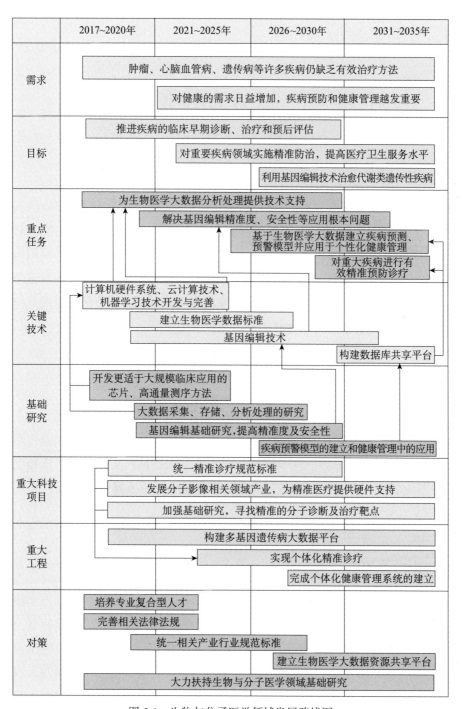

图 5-1　生物与分子医学领域发展路线图

# 第二节 再生医学领域

## 一、发展思路

重点加强干细胞调控机制的基础研究、干细胞临床转化应用研究及人源化转基因动物异种器官的研发;加强干细胞组织修复技术及生物新材料的研发,从而推动异种器官、组织移植再造技术发展;促进国内及国际区域间共同合作,降低研发成本;加强政策引导扶持,创造良好的政策环境;调整产业结构,优化产业布局,发展专项技术;开展市场和政府共推型发展模式,加强细胞生物医疗企业经营管理。

## 二、发展目标

该项目的主要目标为研发能够用于细胞与组织修复的技术,以及用于移植的人工组织器官。在 2025 年实现人工器官、干细胞治疗、人源化动物的技术储备,并且在 2035 年逐步应用到临床。最终实现创新科技与临床应用的产、学、研一体化,满足患病人群对组织及器官修复或移植的需求。

## 三、重点任务及发展路线图

为满足我国再生医学的相关研究和临床需求,建立有效可靠的再生技术,需要加强技术研究与技术储备。主要技术需求包括干细胞重编程及定向分化技术,深入开展干细胞因子药物与干细胞治疗的临床前及临床研究;基于精准基因编辑和体细胞核移植技术建立适宜人类器官移植的人源化大动物模型;适用于细胞移植的载体型医用生物新材料开发;建立人源化异种器官功能评估的标准，优化异种器官移植技术并建立移植后器官功能检测和评估的手段。通过关键技术的研发，以大力推动再生医学基础科学研究向临床应用转化为重点任务，研制出用于临床治疗的细胞与组织修复技术，以及组织器官再造技术，最终解决器官与组织移植供需矛盾，减轻或控制重大疾病给人民健康带来的危害。

为了攻克上述关键技术，必须加强基础研究，包括干细胞调控机制、人源化动物模型建立、生物新材料研发、基因编辑技术及干细胞组织修复技术改进与完善等方面。

通过设立异种器官移植和干细胞组织修复的重大科技项目，并继续建立覆盖多地区干细胞资源库，在国家层面投入资金推动再生领域的研究与发展。推动基础研究向实际应用的转化，最终实现我国再生医学领域的健康发展，满足患病人群对组织及器官修复或移植的需求。再生医学领域发展路线见图 5-2。

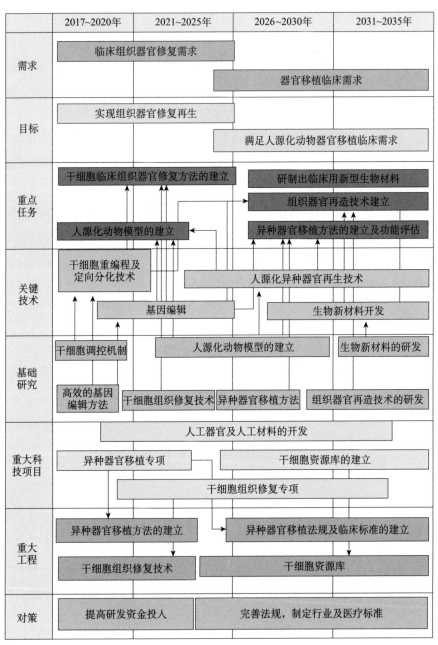

图 5-2 再生医学领域发展路线图

# 第三节　生物物理与医学工程领域

## 一、发展思路

以可穿戴无线生物传感技术为核心，以移动健康-智能手机为平台，以健康大数据分析为支撑，实现卫生健康重大信息技术的超级融合，引领医学从疾病预防、诊断到治疗的一次新的革命性发展。将数字技术、计算机技术、通信技术、人工智能及虚拟现实等在内的信息技术与健康、医学需求相结合，探索以数字信息为主的相关技术在健康与医疗领域内应用的规律与方法，形成生命体及相关群体的数字信息采集、存储、处理、传递及利用、共享等方面的新理论、新知识、新技术和新产品。

以分子和功能影像为手段，研制出具有精准靶向成像功能，能够借助影像引导开展外科手术或介入治疗的人体声、光、电、磁等多模态成像检测系统，实现非侵入式的活体病灶实时动态的高灵敏快速示踪和多模态监测与治疗。

## 二、发展目标

整体上提升我国医学的诊断及治疗水平，建立我国生物物理与医学工程的全链条研发体系。

## 三、重点任务及发展路线图

重点任务包括两方面内容：一是建立健全生物物理与医学工程创新体系，重点研发新型移动医疗、介入治疗、人工器官和可穿戴智能设备；二是基于新型声、光、电、磁成像技术，开发新型诊断治疗设备。针对重点任务，要做好关键技术的突破，包括完善数字医学与人机接口技术、生物 3D 打印技术及生物 4D 打印技术、新型医用机器人和导航外科技术、自组装和智能制造技术、分子成像技术与纳米医学技术等。

为促进上述重点任务和关键技术的实现，应加强以下方面的基础研究，主要包括数字医学与人机接口技术、新型生物材料与纳米医学技术、数字和计算机技术、通信技术、人工智能技术等。此外，依托国家生物物理与医学工程重大科技项目和重大工程项目的实施，重点扶持原始性创新项目，并加大对跨学科复合型人才的培养和支持力度，进一步完善相关法律法规，建立高水平的国家生物医学工程研发及转化平台，从整体上提升我国疾病精准诊断及治疗水平，促进并带动相关医疗健康产业的发展。生物物理与医学工程领域发展路线见图 5-3。

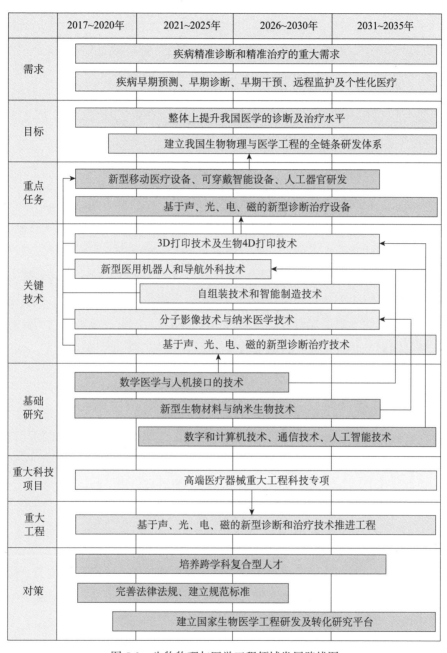

| | 2017~2020年 | 2021~2025年 | 2026~2030年 | 2031~2035年 |
|---|---|---|---|---|
| 需求 | 疾病精准诊断和精准治疗的重大需求 | | | |
| | 疾病早期预测、早期诊断、早期干预、远程监护及个性化医疗 | | | |
| 目标 | 整体上提升我国医学的诊断及治疗水平 | | | |
| | 建立我国生物物理与医学工程的全链条研发体系 | | | |
| 重点任务 | 新型移动医疗设备、可穿戴智能设备、人工器官研发 | | | |
| | 基于声、光、电、磁的新型诊断治疗设备 | | | |
| 关键技术 | 3D打印技术及生物4D打印技术 | | | |
| | 新型医用机器人和导航外科技术 | | | |
| | 自组装技术和智能制造技术 | | | |
| | 分子影像技术与纳米医学技术 | | | |
| | 基于声、光、电、磁的新型诊断治疗技术 | | | |
| 基础研究 | 数学医学与人机接口的技术 | | | |
| | 新型生物材料与纳米生物技术 | | | |
| | 数字和计算机技术、通信技术、人工智能技术 | | | |
| 重大科技项目 | 高端医疗器械重大工程科技专项 | | | |
| 重大工程 | 基于声、光、电、磁的新型诊断和治疗技术推进工程 | | | |
| 对策 | 培养跨学科复合型人才 | | | |
| | 完善法律法规、建立规范标准 | | | |
| | 建立国家生物医学工程研发及转化研究平台 | | | |

图 5-3 生物物理与医学工程领域发展路线图

# 第四节 药物工程领域

## 一、发展思路

药物工程的根本就是新药研制的能力建设，发展思路就是不断培育创新能力，尤其是根本性的创新能力，实现新药创制关键技术的重大突破。建立符合国际新药规范研究发展趋势的新技术、新方法，实现先导化合物结构优化设计及活性化合物高效合成、提取分离和活性评价；依托系统生物学，在疾病相关基因调控通路和网络水平完成药物的作用机制、代谢途径和潜在毒性等多层次研究。遵循新一代生物制药的重要策略，利用人源化转基因动物开发和生产药用蛋白、抗体等。

## 二、发展目标

在药物工程领域，加强源头创新能力建设，加快化学药物和生物药物的研究发展，主要关键技术基本达到国际同期研究水平，建成高校-医药企业药物研究创新联盟，形成具有中国特色的国家药物创新体系。

## 三、重点任务及发展路线图

重点针对制约化学药物自主创新的主要关键技术，进行联合攻关，探索并建立符合国际新药规范研究发展趋势的新技术、新方法；针对制约生物药物研究开发的瓶颈技术，提高单抗药物、靶向药物、治疗性疫苗、多肽药物等生物药物自主创新能力，提升生物药物规模化生产和纯化能力，重点创制出具有我国自主知识产权的生物新药。药物工程领域发展路线见图 5-4。

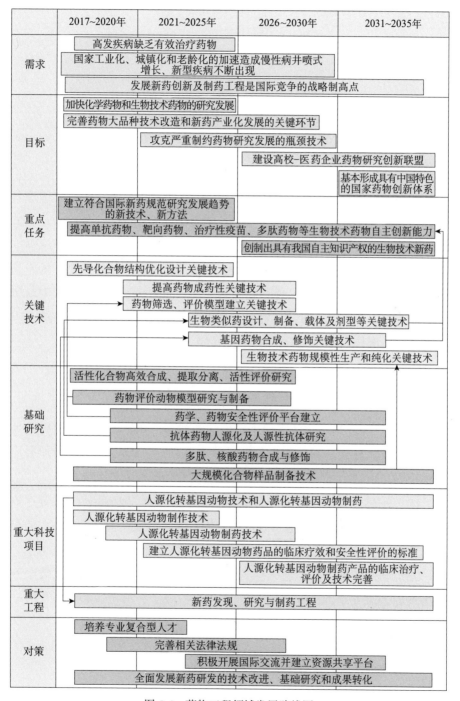

图 5-4　药物工程领域发展路线图

# 第五节　中医药领域

## 一、发展思路

作为"永远朝阳产业"的中医药产业在国计民生行业发展过程中占有越来越重要的地位，未来发展思路主要解决三方面问题：①采取有效措施对珍稀中药资源进行有效保护，通过规范化先进种植技术优化种质资源库，并建立完善质量评价体系对中药、中药原料药进行质量控制，进而实现中药资源可持续性发展；②研发可用于防治重大疾病、慢性病的中药新药；③充分发挥传统中医药优势，利用大数据、互联网等信息平台加大中医药在"治未病"、健康服务及精准医疗领域的服务比重。

## 二、发展目标

（1）到 2025 年左右，实现中药道地药材规范化种植，实现药材产地标注规范化，建立药材、原料药质量标准体系；到 2035 年，逐渐加大优质中药材、原料药国际市场份额，进而实现中药资源可持续性发展。

（2）在充分利用传统中医药优势的基础上，到 2035 年，通过对疗效明确的中药材、优良处方进行开发再利用，在防治重大疾病、慢性疾病的中药新药方面有较大突破。

（3）利用传统中医精髓，扩大中医在"治未病"、精准医疗及健康服务等方面的服务范围，到 2035 年实现中医服务全民覆盖，建立完善的中医医疗服务网络。

### 三、重点任务及发展路线图

首要任务是建立国家级中药材种质资源库，以及优质中药材质量评价技术标准和中药材、原料药质量评价体系，进而全面推进中药材的规范化种植，建立药用植物基因库，发掘药用植物重要相关基因，研制珍稀药用野生植物资源的人工栽培技术。采用组学技术、大数据信息对传统中药复方进行组分确定，完善质量评价体系，进一步研制天然活性成分鉴定分离技术和病症结合疗效评价技术，在中药现代化先进技术的辅助下，揭示方剂功效成分群与其生物效应相关性，使中医、中药发展水平达到国际化标准。充分发挥中医"治未病"优势，构建中医互联网服务体系，使其在健康保健、疾病防治、精准医疗等方面实现全民覆盖。

为了实现上述重点任务和在关键技术上有重要突破，本领域应加强以下方面的基础研究：中药材先进种植技术的研究；用于鉴别、质量评价的中药材组学领域的研究；天然药物、中药活性物质基础研究；中药及天然药物在重大疾病及慢性病防治中的应用研究等。总之，中医药领域的发展宗旨就是在疾病预防、治疗和康复等方面发挥特有的优势，为国民健康服务。中医药领域发展路线见图5-5。

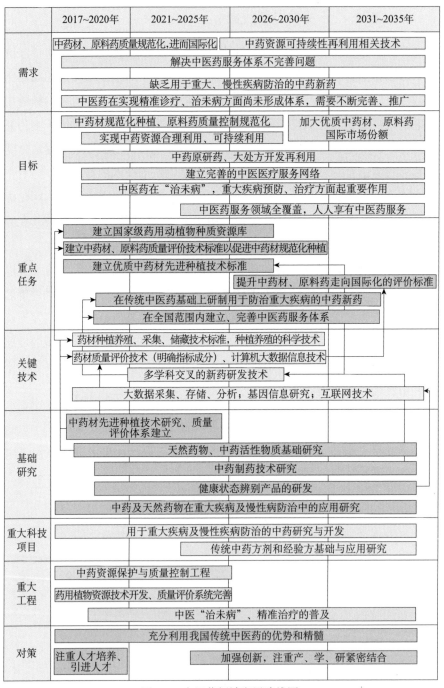

| | 2017~2020年 | 2021~2025年 | 2026~2030年 | 2031~2035年 |
|---|---|---|---|---|
| 需求 | 中药材、原料药质量规范化,进而国际化 | | 中药资源可持续性再利用相关技术 | |
| | 解决中医药服务体系不完善问题 | | | |
| | 缺乏用于重大、慢性疾病防治的中药新药 | | | |
| | 中医药在实现精准诊疗、治未病方面尚未形成体系,需要不断完善、推广 | | | |
| 目标 | 中药材规范化种植、原料药质量控制规范化 | | 加大优质中药材、原料药国际市场份额 | |
| | 实现中药资源合理利用、可持续利用 | | | |
| | 中药原研药、大处方开发再利用 | | | |
| | 建立完善的中医医疗服务网络 | | | |
| | 中医药在"治未病",重大疾病预防、治疗方面起重要作用 | | | |
| | 中医药服务领域全覆盖,人人享有中医药服务 | | | |
| 重点任务 | 建立国家级药用动植物种质资源库 | | | |
| | 建立中药材、原料药质量评价技术标准以促进中药材规范化种植 | | | |
| | 建立优质中药材先进种植技术标准 | | | |
| | 提升中药材、原料药走向国际化的评价标准 | | | |
| | 在传统中医药基础上研制用于防治重大疾病的中药新药 | | | |
| | 在全国范围内建立、完善中医药服务体系 | | | |
| 关键技术 | 药材种植养殖、采集、储藏技术标准,种植养殖的科学技术 | | | |
| | 药材质量评价技术(明确指标成分)、计算机大数据信息技术 | | | |
| | 多学科交叉的新药研发技术 | | | |
| | 大数据采集、存储、分析;基因信息研究;互联网技术 | | | |
| 基础研究 | 中药材先进种植技术研究、质量评价体系建立 | | | |
| | 天然药物、中药活性物质基础研究 | | | |
| | 中药制药技术研究 | | | |
| | 健康状态辨别产品的研发 | | | |
| | 中药及天然药物在重大疾病及慢性病防治中的应用研究 | | | |
| 重大科技项目 | 用于重大疾病及慢性病防治的中药研究与开发 | | | |
| | 传统中药方剂和经验方基础与应用研究 | | | |
| 重大工程 | 中药资源保护与质量控制工程 | | | |
| | 药用植物资源技术开发、质量评价系统完善 | | | |
| | 中医"治未病"、精准治疗的普及 | | | |
| 对策 | 充分利用我国传统中医药的优势和精髓 | | | |
| | 注重人才培养、引进人才 | 加强创新,注重产、学、研紧密结合 | | |

图 5-5 中医药领域发展路线图

# 第六节 预防医学领域

## 一、发展思路

加强基础研究和平台建设，建立并完善各类基础数据库。建立环境污染与健康风险评估、风险管理、突发性污染事故环境与健康应急防控、职业危害监测等技术和控制平台；实施食品安全战略，让人民吃得放心，建立食品安全风险分析识别体系和强大的食品安全科技支撑平台；防范生物恐怖袭击，实现新发和跨物种传播的传染病控制；在体系和平台的支撑下，降低环境污染、食品安全及生物安全对人类健康的危害。

## 二、发展目标

到 2035 年，大气、水等环境污染和突发性环境污染及其相关疾病得到有效的预防和控制；食品污染源头得到有效和稳定防控，食品污染和监测科技支撑满足率达到 70% 以上；完善病原体跨物种传播的监测和评估体系，构建自主可控的生物安全体系；实现生物安全关键技术装备的国产化和信息化。

## 三、重点任务及发展路线图

建立环境污染与健康风险评估、风险管理及风险监测预警技术体系；建立和完善从农田到餐桌的法律法规及监管体系；建立基于风险分析的保障体系；建立创新驱动的产业现代化科技保障体系；制定精准化的 DRIs 和机体营养状况评价方法，建立营养防控慢性病体系；建立新发病原体传播风险图谱；预置跨物种疫苗和抗体池；研发可穿戴生物安全智能设备；

通过靶向病原体防御技术重大科技项目揭示宿主易感性的遗传学基础，通过新型生物安全装备创制重大工程，构建我国自主的生物安全技术体系。

设立营养防控慢性病的重大科技项目，根据不同遗传背景人群制定精准化的营养评价方法和 DRIs，明确精准化的营养膳食干预方案，预防慢性病的发生。设立靶向病原体防御技术重大科技项目，综合新一代基因测序技术和传统的病原体分离培养技术，针对新发现病原体、跨物种传播病原体及人畜共患病原体等进行病原学确认，利用快速研发疫苗和人体微生态干预技术来预防和控制新发和跨物种传播的传染病。为更好地完成上述任务，需在国家层面上进行宏观调整，促进理、工、医的整合，从源头治理，加强风险信息管理化，达到早期预防和控制慢性病及新发传染病的目的。预防医学领域发展路线见图 5-6。

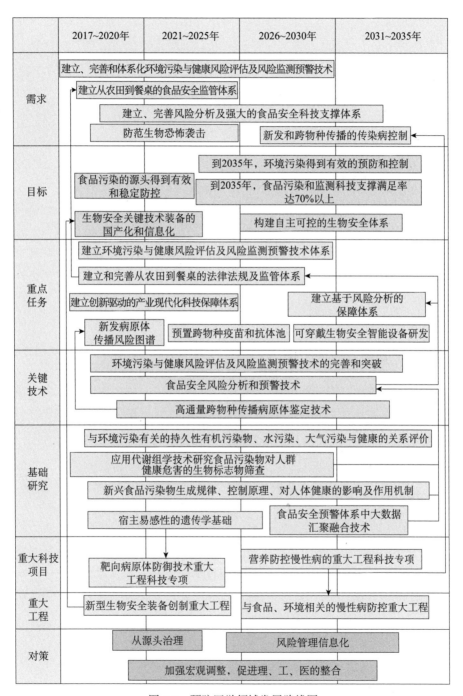

图 5-6　预防医学领域发展路线图

# 第七节  疾病防治领域

## 一、发展思路

采取有效措施降低我国居民主要慢性病流行水平，降低因慢性病流行给社会和家庭带来的沉重经济负担。针对目前人类难以攻克的疾病——肿瘤开展科研攻关。积极应对人口老龄化，在多学科联合的基础上，开展衰老机制研究，实现衰老过程的干预。实行国家战略规划，控制新发传染病的发生与流行。

## 二、发展目标

提高我国新发传染病的防控能力，到 2025 年前后，建成全社会一体化的综合防控传染病体系。提高我国慢性病防治水平，到 2030 年前后，建成我国高效的慢性病防控体系。最终实现疾病的精准预防与精准治疗。

## 三、重点任务及发展路线图

开展我国慢性病防控策略研究，早日形成并完善我国的慢性病防治政策支持环境。研究、筛选并推出我国慢性病预防、筛查、诊治、康复的普惠适宜技术，其关键技术包括慢性病治疗关键技术、衰老及其相关疾病防治关键技术、预防及干预药物与疫苗研发关键技术和超大型人群队列研究及数据集挖掘与分析技术等。将健康信息化引入慢性病防控工程，完善慢性病信息化管理系统。在新发传染病及其防治关键技术研究的基础上，建立、完善我国高效、综合的防控新发传染病网络。

为了促进上述重点任务和关键技术的实现，应加强以下方面的基础研究，包括肿瘤靶向药物治疗、细胞免疫治疗、基因与分子编辑技术治疗；心血管病发生机制及其药物靶点和治疗新技术；抗体药物、小分子药物、新型疫苗研制；人体微生态基础研究；衰老机制、抗衰老药物研究；分子标记、多模式神经系统影像、脑-计算机对接技术等。同时，设立我国慢性病防控重大工程，在国家层面予以支持和推动我国慢性病的防治工作，并通过慢性病及衰老防控超大型队列建设和人体微生态与健康两大工程科技项目来支撑慢性病防控重大工程的实现。未来，将健康融入所有政策，加强实施创新和专利战略，重视科研成果转化，调整慢性病控制理念、重点任务及经费的投入，这将有利于我国疾病防治领域工程科技重点任务的实施。疾病防治领域发展路线见图 5-7。

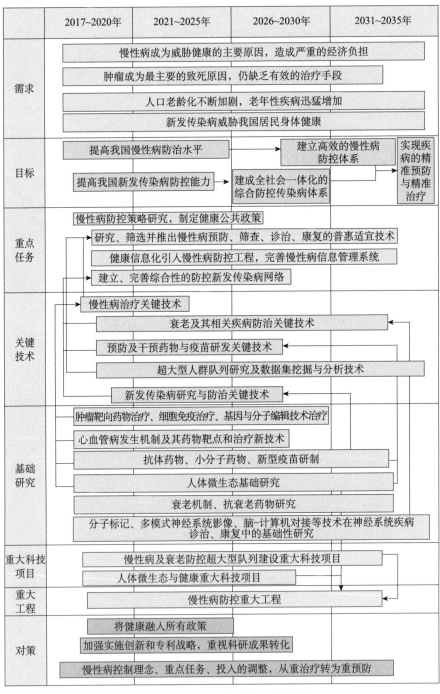

图 5-7  疾病防治领域发展路线图

# 第八节　认知与行为医学领域

## 一、发展思路

从认识脑、保护脑、模拟脑和增强脑四个方向，构建脑功能研究、认知功能模拟和类脑智能系统研发平台。以探索大脑秘密、攻克大脑功能型疾病、解析大脑认知及信息处理机制和研发类脑人工智能算法与软件系统为导向，立足智能，将人脑研究与人工智能的研究深度结合起来。

## 二、发展目标

从整体、神经网络、细胞、分子、功能领域描绘新一代脑图谱；在宏观层面和细胞微观层面描述认知和神经功能的机制；建立类脑多尺度神经网络计算模型，以及类脑智能信息处理理论与方法；应用类脑智能技术开发服务临床和社会福利救济领域；建立神经和精神类疾病早期预警体系；实现利用信息管理和互联网技术对老年失能、失智患者的远程实时监测。

## 三、重点任务及发展路线图

以"认识脑、保护脑、模拟脑和增强脑"的循序渐进的研究战略，对大脑每个神经元及突触连接进行研究，主要目的是更好地认识人类大脑。一是开展新一代脑图谱及脑连接图谱研究，将从脑解剖、脑功能、神经网络及神经环路方面，更加精确及直观地展示大脑的特征，也为医学专家研究脑疾病机制与诊断提供重要的帮助，从而更好地对大脑进行保护；二是发展相关领域的信息技术，为脑科学研究提供强大的关键技术支持，通过脑科学研究对大脑深入了解，明确其情感、记忆、运算机制，从而更好地对人脑进行模拟；三是推动人工智能新理论新方法的发展，并促成类脑智能体和新型智能机器人的研发，从而达到脑功能进一步强化的目的。主要任务如下。

### 1. 脑解剖功能研究

本领域针对新一代脑图谱，从系统和整体水平、神经网络与神经回路水平、细胞水平，乃至分子水平进行完整地构建，主要研究方向包括构建既具有更精细的脑区划分，又具有不同亚区解剖与功能连接模式的全新人类脑图谱（如基因脑图谱等）；研究新一代脑图谱构建所需要的多模态影像技术及其计算理论和方法；精细构建大脑的神经网络，划分出大脑不同功能（如记忆、情感等）所对应的神经环路图谱；明确神经精神疾病发生时，神经环路及基因水平的异常表征，为疾病的临床诊断提供新的生物标志。

### 2. 脑功能认知神经机制研究

本领域在脑区宏观层面和细胞微观层面完整地描述感知觉、记忆、学习、注意和情绪等认知功能，主要包括利用脑网络分析等最新技术，提高脑波信号的读取与解析水平；精确的神经网络图谱及相关的从上到下和由下及上的与脑功能相关的神经回路研究；认知过程中相关电活动的动态变化和信息处理机制；神经网络的结构和功能可塑性研究。

### 3. 类脑计算模型和智能信息处理机制研究

本领域的研究重点，主要包括研究人类脑神经的模拟机制，建立类脑多尺度神经网络计算模型，以及类脑智能信息处理理论与方法，构建高度协同听觉、视觉、知识推理等认知能力的多模态认知信息处理机制。关键技术包括自主学习、交互式学习、环境自适应等类脑学习机制的研究；多尺度、多脑区协同的认知脑计算模型的构建；针对视、听觉等感知信息的特征表达与提取方法和基于多层次特征的感知信息识别模型与学习方法研究；具备语音识别、实体识别、知识表示与推理、情感分析等能力的统一类脑语言处理神经网络模型与算法的研究。

### 4. 类脑智能应用系统研发

类脑智能未来的应用重点是超越人类的信息处理任务，重点研究视听感知、自主学习、自然会话等类脑智能应用，如多模态感知信息（视觉、听觉等）处理、语言理解、知识推理、类人机器人与人机协同等方面。类脑智能可用于机器的环境感知、交互、自主决策、控制等，基于数据理解和人机交互的教育、医疗、智能家居、养老助残、可穿戴设备，基于大数据的情报分析、国家和公共安全监控与预警、知识搜索与问答等服务领域（曾毅等，2016）。

认知与行为医学领域发展路线见图 5-8。

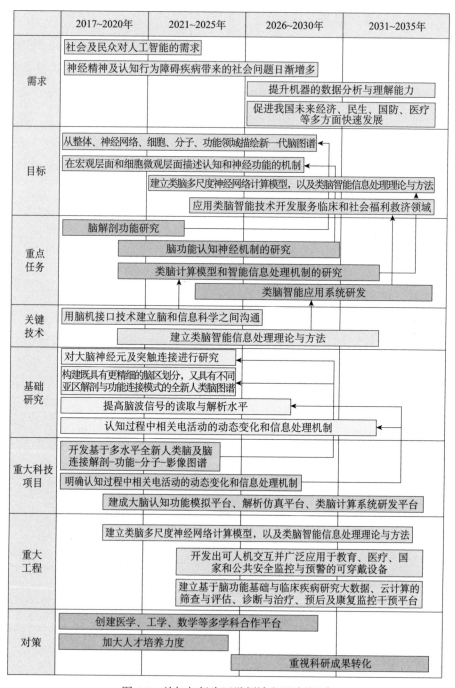

| | 2017~2020年 | 2021~2025年 | 2026~2030年 | 2031~2035年 |
|---|---|---|---|---|
| 需求 | 社会及民众对人工智能的需求 | | | |
| | 神经精神及认知行为障碍疾病带来的社会问题日渐增多 | | | |
| | | | 提升机器的数据分析与理解能力 | |
| | | | 促进我国未来经济、民生、国防、医疗等多方面快速发展 | |
| 目标 | 从整体、神经网络、细胞、分子、功能领域描绘新一代脑图谱 | | | |
| | 在宏观层面和细胞微观层面描述认知和神经功能的机制 | | | |
| | | 建立类脑多尺度神经网络计算模型，以及类脑智能信息处理理论与方法 | | |
| | | 应用类脑智能技术开发服务临床和社会福利救济领域 | | |
| 重点任务 | 脑解剖功能研究 | | | |
| | | 脑功能认知神经机制的研究 | | |
| | | 类脑计算模型和智能信息处理机制的研究 | | |
| | | | 类脑智能应用系统研发 | |
| 关键技术 | 用脑机接口技术建立脑和信息科学之间沟通 | | | |
| | | 建立类脑智能信息处理理论与方法 | | |
| 基础研究 | 对大脑神经元及突触连接进行研究 | | | |
| | 构建既具有更精细的脑区划分，又具有不同亚区解剖与功能连接模式的全新人类脑图谱 | | | |
| | 提高脑波信号的读取与解析水平 | | | |
| | 认知过程中相关电活动的动态变化和信息处理机制 | | | |
| 重大科技项目 | 开发基于多水平全新人类脑及脑连接解剖-功能-分子-影像图谱 | | | |
| | 明确认知过程中相关电活动的动态变化和信息处理机制 | | | |
| | | 建成大脑认知功能模拟平台、解析仿真平台、类脑计算系统研发平台 | | |
| 重大工程 | | 建立类脑多尺度神经网络计算模型，以及类脑智能信息处理理论与方法 | | |
| | | 开发出可人机交互并广泛应用于教育、医疗、国家和公共安全监控与预警的可穿戴设备 | | |
| | | 建立基于脑功能基础与临床疾病研究大数据、云计算的筛查与评估、诊断与治疗、预后及康复监控干预平台 | | |
| 对策 | 创建医学、工学、数学等多学科合作平台 | | | |
| | 加大人才培养力度 | | | |
| | | | 重视科研成果转化 | |

图 5-8　认知与行为医学领域发展路线图

# 第九节　生殖医学领域

## 一、发展思路

提高辅助生殖技术治疗效果，提高重大出生缺陷的筛查水平，研究机构与生产实体相结合，加速技术转化和应用。

## 二、发展目标

到 2025 年左右，建成辅助生殖技术安全性评估新体系。到 2035 年左右，建立国家级生育力保护保存规范和网络平台；不孕不育治疗体系达到优化，保持适度生育水平，改善生育结局，研发安全有效的避孕药具新产品，并实现产业化；降低出生缺陷儿分娩率，提高出生人口素质。

## 三、重点任务及发展路线图

在 2020 年之前，开展线粒体遗传疾病患者治疗技术研究并实现临床转化应用；到 2030 年，制定胚胎植入前单细胞遗传学诊断技术体系的临床应用规范，并探索人类配子、胚胎、生殖器官/组织超低温保存新技术；到 2035 年，寻找出生殖障碍性疾病治疗的新途径。为了完成上述重点任务，需要在预防线粒体遗传疾病、基于单细胞水平的高通量精准检测、新的人类生育能力储备和生育力保护保存规范及网络平台等关键技术上有所突破。为此，在解析生殖细胞发生缺陷相关机制、揭示影响人类生命发育及妊娠结局的关键分子事件和查明生殖障碍、不良妊娠结局病因等方面应加强基础研究。建议设立我国出生缺陷检测和预防技术、新产品研发重大工程和出生缺陷防治研究转化及三级防控应用示范重大工程，以及设立生

殖发育与生殖调控重大科技项目和发育与生殖相关重大疾病病因学研究重
大科技项目，从国家层面上推动生殖医学领域的发展。生殖医学领域发展
路线见图 5-9。

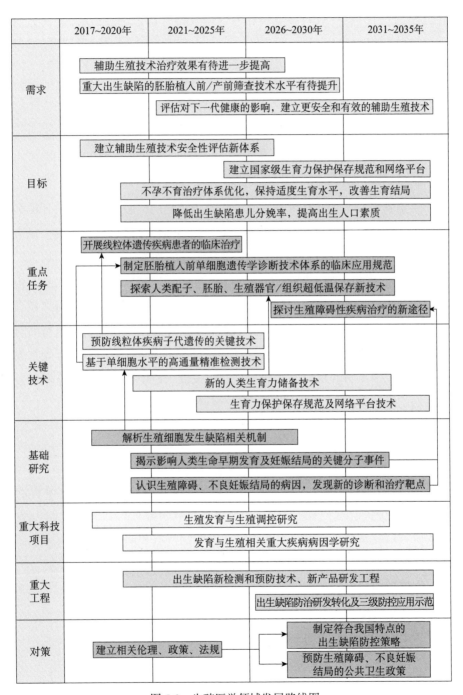

图 5-9 生殖医学领域发展路线图

# 第十节　口腔眼耳鼻喉领域

## 一、发展思路

重点发展以干细胞技术和发育学原理为基础的口腔颌面部及眼耳鼻喉组织器官的再生医学研究，强调关于干细胞的调控机制研究、新型生物活性材料的研发、生物 3D 打印技术等基础研究，加强干细胞产品的临床转化，并促进相关法律法规的进一步健全。同时，以精准医学为切入点，构建口腔及眼耳鼻喉相应疾病的大数据平台，推进临床早期诊断、治疗和预后评估，提高口腔颌面部及眼耳鼻喉恶性疾病患者的生存率，实施精准防治，提升整体的医疗卫生服务水平。建立口腔疾病防控体系，实行国家战略性规划，注重口腔疾病与全身疾病的相关性，控制口腔及眼耳鼻喉感染性疾病的发病率。

## 二、发展目标

至 2025 年建立我国口腔疾病防控体系；促进精准医疗大数据平台的建立，至 2030 年逐步推进我国口腔及眼耳鼻喉领域恶性疾病的精准防治；深入研究口腔及眼耳鼻喉组织来源的干细胞的特点和调控机制，利用生物组织工程学技术，至 2035 年初步实现口腔眼耳鼻喉组织缺损的修复与再生的临床应用。

## 三、重点任务及发展路线图

结合生物 3D/4D 打印技术，推进以干细胞技术为基础的组织工程学进展，实现口腔颌面部及眼耳鼻喉组织器官的修复与再生，并实现创新科技与临床应用的产、学、研一体化；满足患病人群对组织及器官修复或移植的需求。为完成这一重点任务和关键技术的实现，应加强以下方面的基础研究，包括筛选口腔颌面部及眼耳鼻喉组织发育的调控因子，成功定向调控靶组织再生，促进组织细胞的定向分化，实现发育学组织再生的精确定位分化和再生。筛选适用于口腔及五官科疾病、组织衰老与损伤的特定干细胞类型，发展干细胞性状维持、快速增殖、定向分化等技术，研制和生产可用于临床治疗的干细胞产品，深入开展干细胞因子药物与干细胞治疗的临床前及临床研究。研发新型生物活性材料，发展生物 3D 打印技术，将 3D 打印技术与组织工程技术相结合，为患者组织器官修复再生的临床转化提供新的技术支持。同时，建立我国口腔疾病的防控重大工程，在国家层面推进我国口腔感染性疾病的防治工作，认识口腔疾病与全身性疾病的相关性，针对感染性疾病制订合理的治疗和预防感染方案，促进防龋疫苗及牙周病疫苗等新型疫苗的研发与应用，逐步建立我国口腔疾病防控体系。此外，还应通过推广应用分子诊疗技术、微创诊疗和导航机器人技术，实现口腔及眼耳鼻喉恶性疾病的精准医疗，提升我国口腔及眼耳鼻喉医疗卫生的整体水平。口腔眼耳鼻喉领域的发展路线见图 5-10。

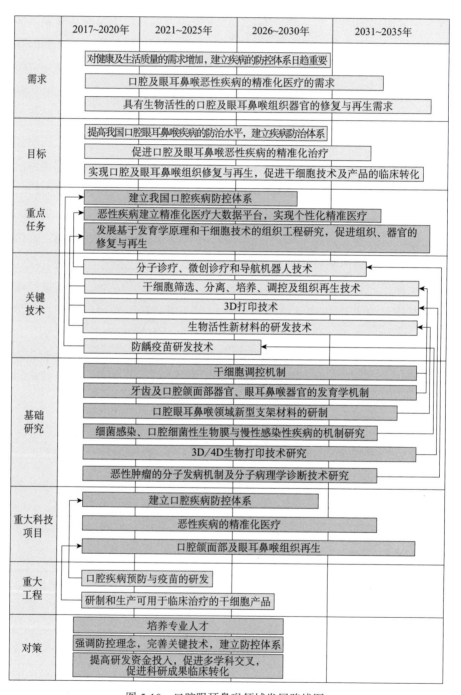

| | 2017~2020年 | 2021~2025年 | 2026~2030年 | 2031~2035年 |
|---|---|---|---|---|
| 需求 | 对健康及生活质量的需求增加，建立疾病的防控体系日趋重要 | | | |
| | 口腔及眼耳鼻喉恶性疾病的精准化医疗的需求 | | | |
| | 具有生物活性的口腔及眼耳鼻喉组织器官的修复与再生需求 | | | |
| 目标 | 提高我国口腔眼耳鼻喉疾病的防治水平，建立疾病防治体系 | | | |
| | 促进口腔及眼耳鼻喉恶性疾病的精准化治疗 | | | |
| | 实现口腔及眼耳鼻喉组织修复与再生，促进干细胞技术及产品的临床转化 | | | |
| 重点任务 | 建立我国口腔疾病防控体系 | | | |
| | 恶性疾病建立精准化医疗大数据平台，实现个性化精准医疗 | | | |
| | 发展基于发育学原理和干细胞技术的组织工程研究，促进组织、器官的修复与再生 | | | |
| 关键技术 | 分子诊疗、微创诊疗和导航机器人技术 | | | |
| | 干细胞筛选、分离、培养、调控及组织再生技术 | | | |
| | 3D打印技术 | | | |
| | 生物活性新材料的研发技术 | | | |
| | 防龋疫苗研发技术 | | | |
| 基础研究 | 干细胞调控机制 | | | |
| | 牙齿及口腔颌面部器官、眼耳鼻喉器官的发育学机制 | | | |
| | 口腔眼耳鼻喉领域新型支架材料的研制 | | | |
| | 细菌感染、口腔细菌性生物膜与慢性感染性疾病的机制研究 | | | |
| | 3D/4D生物打印技术研究 | | | |
| | 恶性肿瘤的分子发病机制及分子病理学诊断技术研究 | | | |
| 重大科技项目 | 建立口腔疾病防控体系 | | | |
| | 恶性疾病的精准化医疗 | | | |
| | 口腔颌面部及眼耳鼻喉组织再生 | | | |
| 重大工程 | 口腔疾病预防与疫苗的研发 | | | |
| | 研制和生产可用于临床治疗的干细胞产品 | | | |
| 对策 | 培养专业人才 | | | |
| | 强调防控理念，完善关键技术，建立防控体系 | | | |
| | 提高研发资金投入，促进多学科交叉，促进科研成果临床转化 | | | |

图 5-10　口腔眼耳鼻喉领域发展路线图

# 第十一节　整合医学与医学信息技术领域

## 一、发展思路

着眼于全国远程医疗网络的构建和医疗信息的集成决策机制建设，充分调动科技人员和新型产业活力，建成国家医疗网络平台，引导数字化医学和智慧健康产业发展；基于涵盖人类从出生到死亡生命全过程的健康、疾病、生理、心理、社会完好状况的动态数据，通过推动健康大数据与互联网、可穿戴设备等数据的汇聚整合，建设面向社区的健康大数据及智能健康管理系统，从而构建新的卫生保健服务体系，谋求医学可持续发展，以促进人人公平地享有卫生保健，以适应人们不断增长的健康需求，并推动整合医学的学科发展，开发疾病诊疗的新技术和新模式，探索多样化的整合医学最佳实践模式，探索新的治疗与养护健康管理模式。

## 二、发展目标

大力推进健康医疗服务的个性化、智能化和便捷化，开展个人全面健康管理，至 2025 年左右，建成全国统一的远程医疗服务体系和区域化医疗信息管理网络。至 2030 年左右，建成面向人群健康需求的预防、治疗、保健、康复、护理等服务为一体的整合型医疗卫生社会服务体系。

## 三、重点任务及发展路线图

建设"健康中国"，需要大力推进健康医疗信息化，从而开展个人全面健康管理，推动精准医学研究，创新健康医疗服务业态。进行整合型健康服务大系统的顶层规划设计，包括管理体制和运行机制的设计与规划，以及相应的管理和科学技术支撑研发。建立统一、协调的医疗信息系统，有效支撑面向社区的医疗健康大数据收集、分类、存储、传输和共享的平台建设。疾病模式分析与个性化医疗模块系统的建设，促进健康大数据多层面整合分析，有效地提供智能辅助疾病预警、诊断和治疗。建立规范统一的慢性病管理服务质量评价方法和实现机制。将整合医学教育纳入高校教育体系，开发整合医学课程体系和人才培养的新模式。

为了促进上述重点任务的实现，应设立国家重大科技项目，支持建立全国性数字卫生标准体系、统一标准的居民电子健康系统、个人健康管理平台和健康分析、预警和决策支持系统，建成医疗大数据库、健康管理与服务大数据应用体系和全国医疗信息化系统三项重大工程，以及以健康医疗大数据为基础的整合医学体系，在国家层面推动我国健康医疗服务的个性化、智能化和便捷化的进程，使其达到中等以上发达国家水平。整合医学与医学信息技术领域发展路线见图 5-11。

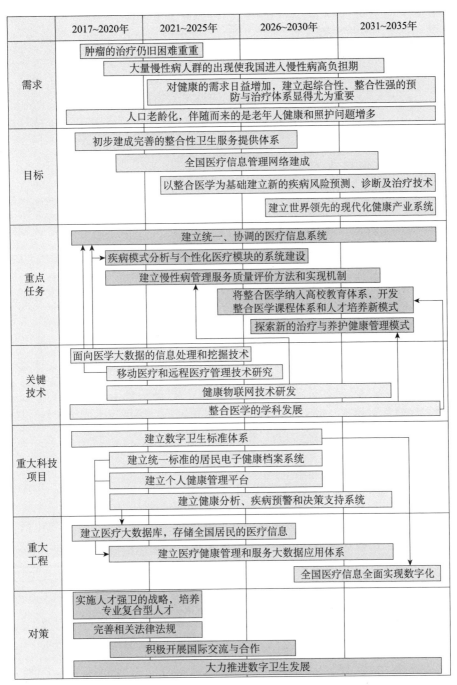

图 5-11　整合医学与医学信息技术领域发展路线图

# 第十二节　法医学领域

## 一、发展思路

加强基础研究和关键技术的攻关,力争在法医分子遗传学检验鉴定技术、毒物中毒检验技术、法医精神病学鉴定技术、成瘾机制揭示及干预技术和法医转化医学研发技术方面实现重大突破,进一步建立并完善我国法医学统一的技术和证据评价体系。

## 二、发展目标

到 2025 年左右,构建适合我国国情的法医学标准体系和技术体系。到 2035 年左右,我国法医学总体技术达到国际先进水平,在法医分子遗传学检验鉴定技术、成瘾干预技术、法医精神病学鉴定技术和法医转化医学方面获得具有中国特色的创新技术。

## 三、重点任务及发展路线图

为了完成法医学上述发展目标,必须完成下述重点任务,主要包括:建立个体生物特征鉴识技术体系;建立毒物中毒和环境损害中毒鉴识技术体系;建立法医病理学损伤、死因、精神病学鉴识技术体系,以及建立具有中国特色的法医转化医学研发技术体系。为此,应开展关键技术攻关,主要包括遗传学检验鉴定技术、毒物中毒检验技术、成瘾机制及干预技术、法医病理学损伤及死因鉴定检验技术和精神病鉴定技术等。为了上述关键技术的实现,应开展以下相关的基础研究,主要包括个体生物特征、毒物损伤与环境关系、神经精神损伤与损伤时间、心血管系统损伤与

应激等。建议国家设立具有中国特色的法医学创新重大工程，以实现我国
2035 年法医学科学技术发展目标，为建设法治中国提供技术支撑。法医
学领域发展路线见图 5-12。

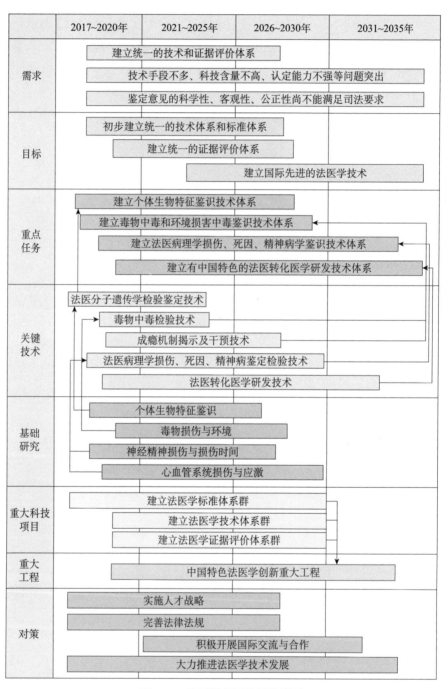

图 5-12　法医学领域发展路线图

# 第六章
# 面向医药卫生领域工程科技发展
# 需要优先部署的基础研究方向

———

　　根据"中国工程科技2035发展战略"项目面向未来20年的研究特点，需要加强对支撑工程科技未来发展的基础研究方向的研究。基于技术突破和共性技术研发的需求，提出面向2035年医药卫生领域工程科技发展需要前瞻部署的基础研究领域。

## 一、分子诊断与生物治疗机制研究

分子诊断与生物治疗是应用分子生物学技术对患者进行遗传物质检测，从而得出疾病诊断，并利用生物大分子进行治疗的一类新型预测诊疗方法。分子诊断与生物治疗作为实现精准的个体化医疗目标的关键，具有特异性强、灵敏度高、副作用小、安全有效等不可替代的优势，在多种医药领域中发挥广泛的作用，其中包括肿瘤、遗传疾病、代谢类疾病等。因此，需要重点针对关键科学问题"如何提高分子诊断的精确性与可靠性；如何更有效且广泛地实施生物治疗方案"开展基础研究工作，为我国精准医疗重大科技项目的实现提供基础支持。

主要研究方向如下。

（1）肿瘤等复杂疾病发病机制及分子诊断和靶向药物的基础研究。

（2）基于疾病治疗的基因与分子编辑技术。

（3）免疫应答机制及体液免疫技术相关基础研究。

（4）中国人群肿瘤与传染病等复杂疾病遗传变异数据库的建立。

（5）基于非编码 RNA 的生物信息大数据分析。

（6）治疗性疫苗相关基础研究。

## 二、干细胞干性维持及命运决定机制的研究

干细胞是一类具有自我复制能力的多潜能性细胞，一定条件下可分化为多种细胞，其在生命体从胚胎发育到成熟个体的过程中起到了核心的作用。研究干细胞如何维持其干性及其命运的决定一直是生命科学中的重点问题，阐明其相关机制将对生命科学相关领域产生根本性的推动作用。对于干细胞维持及其命运机制的研究可为了解如发育异常、遗传疾病及肿瘤等多种疾病的病因带来新的思路。此外，体细胞重编程等基于干细胞的相关技术也可为治疗神经系统、免疫系统及先天性疾病等带来新的曙光。干细胞相关研究的突破将会极大地推进现代医药卫生领域的发展，基于干细胞的新疗法也会为困扰人类多年的毫无有效治疗方法的疾病提供新的解决方案。

主要研究方向如下。

（1）干细胞多能性维持机制的研究。

（2）干细胞命运决定的调控机制。

（3）细胞重编程的相关机制。

（4）干细胞微环境的解析。

### 三、基于干细胞的组织器官修复研究

机体损伤和疾病康复过程中受损组织和器官的修复与重建，仍然是生物学和临床医学面临的重大难题。干细胞的一个重要特性是具有多潜能性，其可在一定条件下诱导分化为多种细胞，如干细胞可在一定条件下分化为心肌、胰岛血管内皮和肝细胞等多种细胞。它的这种多向分化能力，以及其在再生医学上的应用潜力，使人们再次看到了实现组织再生、器官修复的曙光。基于干细胞的组织器官修复可为如神经退行性疾病、帕金森病、脑卒中及糖尿病等多种疾病的治疗提供新的可行之道。另一方面，基于干细胞的组织修复技术也可为等待器官移植的患者带来新的选择，在一定程度上缓解我国器官供体不足、配型困难的现状。

主要研究方向如下。

（1）多能干细胞及成体干细胞高效获得性研究。

（2）干细胞移植后体内功能建立及调控。

（3）内源干细胞的组织再生修复调控。

### 四、针对重大疾病精准靶向治疗的创新药物研究

精准靶向治疗属于精准医学的领域范畴，是结合患者自身的临床症状、内在的药物代谢动力学特征及独特的分子基因水平变化而出现的一种新兴的个体化治疗手段。通俗来讲，就是针对不同患者的病情，在合适的时间给予患者最为合适的药物。我国人口数量庞大，患者众多，疾病的发生状况因人而异且纷繁复杂，患者是否对药物敏感、药物毒性是否耐受、药物治疗后是否存在着复发的风险等，这些不确定因素均决定了精准医学

在基础性研究及临床治疗中的地位,而精准靶向治疗药物的创新研究则显得尤为重要。因此,全基因组测序、生物信息的大数据预测和多水平组学的发展均有助于精准治疗的快速实现。

主要研究方向如下。

(1)蛋白质组学确认调控重大疾病的靶蛋白的研究。

(2)基于重大疾病的致病基因的研究,在分子水平通过基因诊断确定病因。

(3)合理有效调控关键性靶蛋白分子的研究,如非编码 RNA。

(4)肿瘤靶向药物治疗和细胞免疫治疗机制的研究。

(5)病原体多药耐药性机制的研究,力求药物疗效的最大化。

## 五、中药资源保护与制药现代化

中药资源保护是我国中医药现代化发展的前提和保障。近年来,盲目采挖和环境恶化,致使很多名贵中药品种濒临灭绝,中药资源保护和合理开发是当务之急。为提供高质量、稳定可控的中药原料,利用现代科学技术手段,积极探索药材再生技术,优质药材种植、培育及名贵中药替代品种的研究与发现是实现中药资源长期可持续发展的战略目标,而药材质量评价标准的建立也是保障优质药材的关键技术。此外,我国中药制药还处于经验开发到工程化生产的过渡阶段,严重制约着中药生产行业的现代化进程。因此,要充分利用现代科学技术方法,对中药生产工艺和装备及中药制剂进行开发。在中药资源实现可持续性发展的前提下,对我国传统经验方剂进行开发利用,以进一步促进中医药发展。

主要研究方向如下。

(1)中药再生资源技术、特性识别技术的研究。

(2)濒危和珍稀中药替代品种的研究与发现。

(3)中药优质药材培育与质量控制标准的建立。

(4)应用先进方法对中药及方剂的基因组、代谢组学的研究。

(5)中药化学成分库、组分库、活性库、方剂库的研究与建立。

（6）中药活性物质基础研究与药效评价。

（7）中药体内代谢物的研究。

（8）传统中医药验方的药物制剂研发。

## 六、重大疾病的发病机制及防治

重大疾病防控是以重大疾病（医治花费巨大且在较长一段时间内严重影响患者及其家庭正常工作和生活的疾病）为研究对象，研究其在群体中的发生发展规律、作用机制及有效防控靶点，制订、实施、评估干预措施的科学和方法。重大疾病防控强调了预防和控制是医学的基本目的和方法，通过深入研究环境污染、食物污染及生物危害导致的慢性病、跨物种传播疾病，以及新发传染病的流行特征、分子作用机制、人体微生态学机制及疾病防控靶点，制订可行、有效的重大疾病预防和控制措施，进而达到降低重大疾病患病率、促进和维护人类健康、提高人均预期寿命的目的。

主要研究方向如下。

（1）环境中有机污染物、重金属对癌症、心脑血管疾病等慢性疾病影响的生物标志物筛查与患病机制研究。

（2）食品污染物对人群健康危害的早期生物标志物筛查。

（3）新兴食品污染物的生成、控制及对人体健康的影响及作用机制。

（4）慢性病的流行病学、分子作用机制及防控靶点研究。

（5）衰老的发生、发展规律及其机制研究。

（6）重大疾病相关的人体微生态学机制研究。

（7）危害人类健康和生物安全的新发现或跨物种传播病原微生物的生物学特性、作用机制和防控靶点研究。

（8）新发传染病的发病机制与防控靶点研究。

## 七、高端医疗设备及新型诊疗技术的基础理论研究

面向医学科学前沿和国家重大需求，重点开展能够促进医学发展、开

拓医学研究领域的原创性医疗设备研制和新型诊疗技术研发，通过关键理论或关键技术的突破，研制用于发现新现象、揭示新规律、验证新原理、获取新数据的高端医疗设备及新型诊疗技术，为医学发展提供新平台和新方法，提升我国的原始创新能力。

主要研究方向如下。

（1）基于分子目标的综合识别与精准检测技术基础理论研究。

（2）突破生理屏障的递送技术与效应机制。

（3）疾病复杂微环境感知、响应与靶向趋向性的分子机制研究。

（4）基于声、光、电、磁的多模态、多功能新型诊疗技术及其多因素协同关系。

（5）实时动态揭示重大疾病多分子事件的相互作用机制。

## 八、认知与行为医学基础研究

我国社会正处于现代化进程中，由神经精神及认知行为障碍疾病带来的社会问题日渐增多，这使得人类大脑功能研究及人工智能研发与应用成为亟待完成的任务。未来20年，以探索大脑秘密、攻克大脑疾病、建立和发展人工智能技术为目标，以"认识脑、保护脑、模拟脑、增强脑"作为认知与行为科学领域的核心任务，全面阐明大脑功能及认知机制，开发全新类脑智能模型，建立神经精神及认知行为障碍疾病防控、诊治整合服务平台体系。为此，深入进行脑研究，进一步认识脑，对于人类脑部疾病发病机制阐明与精准防控意义重大。

主要研究方向如下。

（1）精神性疾病的发病分子机制。

（2）神经退行性疾病特异性生物标志物。

（3）基于分子标记的脑功能影像学研究。

（4）基于干细胞技术的脑和脊髓神经功能再生。

（5）神经系统功能障碍康复新技术的基础性研究。

（6）新一代脑图谱及脑连接图谱基础理论研究。

## 九、生殖健康基础研究

生殖健康关系到我国重大民生需求，是我国人口与健康战略的核心内容，事关我国经济与社会可持续与协调发展。然而，目前我国不孕不育率逐年攀升，自发流产和出生缺陷发病率居高不下，严重妨碍家庭和谐、影响社会稳定。因此，亟须进一步加强生殖健康基础研究，揭示影响人类生命早期发育及妊娠结局的关键分子事件，了解生殖障碍、不良妊娠结局的病因，发现新的诊断和治疗靶点，为提升我国生殖疾病和出生缺陷的防治水平提供科学依据。

主要研究方向如下。

（1）生殖健康与出生缺陷相关疾病基础研究。

（2）人类胚胎发育中的细胞编程与重编程机制。

（3）卵母细胞体外成熟的机制与应用研究。

（4）配子／胚胎发育源性疾病的发生机制。

（5）环境因素对生殖细胞和胚胎发育的影响等。

# 第七章
# 医药卫生领域重大工程

————

　　为了满足我国经济社会发展的重大需求，解决医药卫生领域发展的重大瓶颈问题，充分发挥重大工程在医药卫生领域中的带动作用，从而对国家发展和人口健康发挥全局性或关键性影响。根据国内外医药卫生领域的工程技术现状和迫切需求，提出未来需要从国家层面给予支持和推动的8个重大工程。在此基础上，结合《"十三五"国家科技创新规划》和当前正在开展的研究项目，医药卫生领域最后向中国工程科技2035发展战略研究项目组提出2个重大工程，分别为新药发现、中药现代化与制药重大工程和智慧健康重大工程。

# 第一节　新药发现、中药现代化与制药重大工程

## 一、需求与必要性

我国慢性病与新发传染病频发，人们健康意识提升，对卫生医疗水平提出更高要求，现有药物无法满足社会需求。目前，已知的大约 7000 种罕见病却只有 350 个通过批准的治疗药物，即使像癌症、心脑血管疾病、阿尔茨海默病等这些高发疾病也仍然缺乏有效的治疗药物。创新药物研发及产业化水平，与国民健康的紧迫需求密切相关。发展新药创新及制药工程，不仅可以体现生命科学和生物技术领域前沿的新成就与新突破，更是抢先占据国际竞争的战略制高点。

中药、天然药物是药物研发的主要来源，目前大多数药物均来源于天然产物。中药资源是我国中医药发展的物质基础，也是国家重要的战略性资源，然而随着医药国际化的发展和进步，我国中药走上国际化的进程却受到了极大制约。制约因素有三方面：①中药资源日渐匮乏，医药保健领域对植物资源需求量急速增加、中药材及原料药的出口逐年增加，加剧了我国药用植物资源的供需紧张，如何科学开发与合理保护中药资源，实现药用植物资源可持续、稳定发展，是目前亟须解决的重要课题。②传统中药国际认可度较低，我国传统中药复方成分复杂、质量控制体系不规范。利用先进技术明确中药组方原则、药物活性物质基础及其疗效，并建立完善的质量评价体系是中药现代化的发展目标，也是中药走向世界的前提条件和重要保障。③中药制剂市场竞争力较差，因中药起效周期长、用药剂量大等问题影响了中药制剂的市场竞争力。因此，需要将先进制药技术应用到中药制剂中，去除传统中药制剂的缺点，更加突出中药治病的优势，使之更好地服务于社会，提高市场竞争力。

## 二、工程目标

针对国民用药及我国医药发展的双重需求，加快化学、生物技术药物的研发，完善药物大品种技术改造，解决新药产业化发展的关键问题，重点攻克严重制约药物研究发展的瓶颈技术；建立高校-医药企业药物研究创新联盟，基本形成具有中国特色的国家药物创新体系，提升我国药物自主研发能力和产业竞争力，大力推动创新药物研究开发及产业化水平。

坚持中西医并重，传承发展中医药事业。在中药资源保护与利用方面，需建立可用于药用植物资源保护的关键技术和可行途径，如建立完善优质中药材的质量评价标准、开发中药材种植养殖的先进技术，使中药材可持续发展；建立中药及中药组方药效评价和质量控制的技术体系；建立和完善现代中药制剂的研究体系：利用中医药理论核心内容，结合现代制药技术，进一步完善现代中药制剂设计、制备与评价、质量控制体系等。针对疗效确切的传统中药方剂和经验方，开展相关的基础与应用研究，阐明中药作用的物质基础和作用机制等重要科学问题，在继承和发展中医药理论的基础上，建立具有中医药特色的中药新药质量评价体系和药效、安全性评价技术，以及针对复方制剂的数据挖掘和数据分析技术；充分利用传统中医药的应用优势，使其在健康保健、"治未病"及精准医疗领域实现全民覆盖。

## 三、工程任务

### 1. 2016～2025 年

建立高校-医药企业药物研制联盟，使研发与产业无缝对接，加速转化，推动新药产业化发展。

应用植物基因组学技术，辅助解析药用植物功能基因的分子调控机制，进行分子辅助育种。应用组学技术对药用植物、中药组方等进行药效物质基础研究，建立中药的质量评价体系。

2. 2016～2030 年

瞄准国际技术前沿，开展有助于解决瓶颈问题的突破性技术和可大力推广的培育性技术研究，包括提高药物成药性的核心共性技术，基于细胞药物等筛选模型及针对细胞内靶向药物的成药性评价技术，基于效应生物标志物研究基础上的转化药学技术等。

在中药资源保护方面着重发展和提高珍稀药用野生植物资源的人工栽培技术及珍稀、濒危动物遗传资源的保存等技术。

建立和完善现代中药制剂的研究体系，系统开展中成药再评价（质量标准、活性）开发研究，加大对中药经典名方开发与制剂研究，着重研制可用于重大疾病、慢性病防治的中药新药，应用先进制剂技术制备安全、有效、可控的中药制剂。

3. 2016～2035 年

开展具有重要临床价值的创新药物研究，研发应用于恶性肿瘤、心脑血管疾病、糖尿病、阿尔茨海默病等重大疾病的创新药物品种。

制定中药制剂行业标准，形成系统、可行与高效的质量控制体系，考察中药材质量对药物疗效的影响，建立以疗效为导向的标准体系模式，完成所选品种的行业标准。

建立药用植物的资源库，通过保留药用植物的籽、种或 DNA 的方式实现植物资源保护，预防各种珍贵物种药物资源灭绝。

## 四、需要解决的关键科学技术问题

重点研究重大疾病相关的新机制、新靶点且无上市药物的创新品种。提高药物设计的精准性、药物合成与制备的高效性、评价技术的规范性。重点针对制约化学药物自主创新的关键性技术，探索符合国际新药规范研究发展趋势的前沿技术。开发新结构抗体、双特异抗体、抗体药物偶联物和全新结构蛋白及多肽药物等生物类似药。针对制约生物药物研究开发的瓶颈技术，提高对单抗药物、靶向药物、治疗性疫苗、多肽药物等生物药物的自主创新能力，提升生物药物规模化生产和纯化能力，重点创制出具有我国自主知识产权的新型药物，逐步达到与发达国家一致的水平。

在中药资源保护与利用方面，重点是中药数据库和种质资源库的建立、先进种植技术的开发、珍稀濒危中药资源的替代品研究、优质中药材质量评价体系（化学成分及生物学综合评价指标）的建立及中药组方药效物质基础研究与质量标准体系的完善。

## 五、至 2035 年标志性创新成果

（1）建立并完善有关的突破性关键技术和可大力推广的培育技术，建成完整的新药研发和制药工程体系；建立高校-医药企业药物研究创新联盟与产业链，加速新药产业化发展；成功研发应用于恶性肿瘤、心脑血管疾病、糖尿病、阿尔茨海默病等重大疾病的新机制、新靶点药物品种。

（2）建立药用野生植物资源的人工栽培技术及珍稀、濒危动物遗传资源的保存等技术。

（3）应用植物基因组学技术、辅助解析药用植物功能基因的分子调控机制，进行分子辅助育种。

（4）建立中药资源与制剂的质量评价体系（化学成分及生物学综合评价指标），用先进制剂技术制备安全、有效、可控的新型中药制剂；制定中药制剂行业标准与质量控制体系，建立以疗效为导向的标准体系模式，制定出相应的行业标准。

# 第二节 人工智能与神经系统重大工程

## 一、需求与必要性

脑科学与人工智能研究对脑生理功能的认识和神经精神系统疾病发病机制的阐明具有里程碑的意义，其重大研究成果将在医学领域获得广泛应用。据此，设立人工智能与神经系统重大工程，对保障国家临床诊疗跨越式发展非常重要，将衍生一批重要的颠覆性技术。

## 二、工程目标

深入发现挖掘脑功能及阐明神经认知机制，将从点、网络、系统及发生、发育和衰老退变过程等多维角度对神经元及神经突触连接进行精准研究，开发基于多水平全新人类脑及脑连接解剖-功能-分子-影像图谱，明确在神经精神疾病、老年失能、失智及儿童少年发育行为中关键功能亚区、神经环路及基因调控表征，提供全新的疾病评估体系、诊断生物标志物及干预靶点；针对神经精神及认知行为障碍疾病，建立通过深部脑刺激、经颅磁或超声刺激、基因及表观遗传治疗、精神神经修复等技术的多水平整合疾病防控新体系；针对类脑智能模型与应用，开发多尺度、多脑区、多模态智能人机交互处理系统，明确类脑感知与情绪、学习及推理认知机制，实现智能、自由人机分离-协同类脑系统与设备；在神经精神及认知行为障碍疾病相关疾病的系统性整合服务平台基础上，建立基于脑功能基础与临床疾病研究大数据、云计算的筛查与评估、诊断与治疗、预后及康复监控干预平台，服务于社区医疗的全面一体化医疗信息体系。

## 三、工程任务

### 1. 2016～2020 年

深入发现挖掘脑功能及阐明神经认知机制，将从点、网络、系统及发生、发育和衰老退变过程等多维角度对神经元及神经突触连接进行精准研究，开发基于多水平全新人类脑及脑连接解剖-功能-分子-影像图谱，为理解脑信息加工机制开辟新途径，为人工智能及脑模拟研究提供依据，同时还为脑疾病的早期诊断和预后及疗效评价提供新视角。

### 2. 2016～2025 年

利用脑网络分析等最新技术，提高脑波信号的读取与解析水平，开展脑功能相关的神经回路研究，明确认知过程中相关电活动的动态变化和信息处理机制，完善神经网络的结构和功能的可塑性研究，建立深部脑刺激、经颅磁或超声刺激、基因及表观遗传治疗、精神神经修复等技术的多水平整合疾病防控新体系。

### 3. 2020～2030 年

建立类脑多尺度神经网络计算模型，建立类脑智能信息处理理论与方法，构建高度协同听觉、视觉、知识推理等认知能力的多模态认知信息处理机制；突破听觉认知、视觉认知、言语加工、脑疾病等若干脑功能机制，建成大脑认知功能模拟平台、解析仿真平台、类脑计算系统研发平台。

### 4. 2020～2035 年

在视听感知、自主学习、记忆和情绪等脑认知活动神经原理、脑重大疾病预防治疗等方面取得重大突破，开发可基于数据理解和人机交互的医疗、智能家居、养老助残的可穿戴设备。

## 四、需要解决的关键科学技术问题

脑与机器的融合是人工智能及大脑模拟的关键科学技术问题。近 10

年，从工程角度，利用脑机接口技术建立了脑和信息科学之间沟通的桥梁。但是，脑机接口只是脑机融合的初级阶段。随着脑与信息科学的进一步融合，早期单向、开环形式的脑机接口逐渐过渡到双向、闭环形式的脑机交互，并将进一步发展到脑与机深度结合、相互依赖的脑机融合阶段。脑机融合系统的瓶颈在于对脑信息获取的准确性、信息处理的高效性及信息输入的有效性。脑信息的获取手段日益丰富，虽然使用现在的方法可以达到较高的时空分辨率，但是与细胞水平的空间尺度及神经元电位变化的时间尺度之间依然存在差距。因此，实现脑机融合仍需要脑信息提取手段在时空分辨率上进一步提高；脑科学大数据的处理亦构成脑机融合的一大挑战，计算机体系的发展正面临着"内存墙"与"功耗墙"等难题。多核体系架构的出现虽然一定程度上减缓了压力，但在同等条件下计算能力的提高将带来越来越高的系统复杂性。脑机融合不仅要求获取并解读脑信息，还需要计算机能够将信息编码后传入生物体，以此来调节、增强甚至控制生物体的部分功能，达到感知与智能增强及运动功能重建等目的。但是要实现脑机融合系统中两种截然不同的智能体的有效协作及相互适应，依然需要进一步建立生物智能与机器智能直接互连的信息通道与交互模式，从而研制出新型脑-机-脑信息通路的双向闭环系统（吴朝晖等，2015）。

## 五、至 2035 年标志性创新成果

（1）全面系统性描述新一代脑图谱、脑连接图谱及构建所需要的多模态影像技术及其计算理论和方法。

（2）明确脑功能认知的神经机制，并建立基于多组学、多学科脑功能基础及临床疾病研究大数据云平台和整合诊疗服务体系。

（3）建立类脑多尺度神经网络计算模型，以及类脑智能信息处理理论与方法。

（4）开发出可人机交互且广泛应用于医疗的可穿戴设备，使我国人工智能技术及其用于神经系统疾病和精神疾病治疗方面达到国际先进水平。

# 第三节　基于声、光、电、磁的新型诊断和治疗技术推进工程

## 一、需求与必要性

随着医疗技术的不断发展，临床诊断技术已经进行了多次变革，然而在当下的诊断治疗技术中还存在着很大的研发进步空间。恶性肿瘤、心脑血管疾病等重大疾病的及时发现和及时治疗都有着重要意义，研制精准的诊疗一体化技术是一个重要的发展方向。精准诊疗已经在国际医疗研究中掀起热潮，将其作为研究目标有利于我国抢占医学研究与转化的制高点。

## 二、工程目标

以分子和功能影像为手段，研制精准靶向成像技术，更深入地了解疾病发生、发展的过程，为疾病早期诊断提供新方法。通过声、光、电、磁分子影像的多模态影像融合技术，研究可针对肿瘤、心脑血管疾病、动脉硬化等疾病病灶进行精准定位的靶向性探针。

应用声、光、电、磁等的作用原理与优势，建立具有实用性的技术，研发出无创、精准、可调控的治疗相关疾病或促进健康的实用技术及相关医疗或健康产品。

## 三、工程任务

1. 2016～2025 年

研究声、光、电、磁等为基础的分子影像的多模态影像融合技术，应

用其敏感性及早发现肿瘤并进行精准定位。通过建立活体原位生物技术来合成具有靶向性的探针，应用该探针对肿瘤、心脑血管疾病及动脉硬化等疾病的病灶进行快速且精准的标记，实现高敏感性的分子成像及功能成像。

### 2. 2020～2035 年

通过深入研究声、光、电、磁等基本特点，建立相应的实用技术，开发相关的医疗或健康产品，补充、完善和改进现有的治疗疾病或促进健康的方法，确定相应的适用范围与应用标准，以达到无创、精准、一体化的诊疗目的。

## 四、需要解决的关键科学技术问题

基于声、光、电、磁等新型诊疗设备的开发技术储备；明确诊疗原理及机制；优化新型诊疗设备的应用参数、量效关系等，开展其疗效的科学性评价等。

## 五、至 2035 年标志性创新成果

（1）研制出可针对肿瘤、心脑血管疾病、动脉硬化等疾病病灶进行精准定位的靶向性探针 10 种左右。

（2）建立以声、光、电、磁等为基础的分子影像的多模态影像融合技术。

（3）研制出以分子和功能影像为手段的精准靶向成像技术及相关产品，应用于疾病的早期诊断和疗效评价等。

（4）建立以声、光、电、磁等为基础的实用性技术，研发出无创、精准、可调控的治疗相关疾病或促进健康的实用技术及相关医疗或健康产品。

# 第四节 基于再生医学的人工组织器官再造技术工程

## 一、需求与必要性

我国在人口健康领域面临巨大挑战：一是我国是世界第一人口大国，因创伤、疾病、遗传和衰老造成的组织、器官缺损或功能障碍等位居世界各国之首，人体器官移植远不能满足临床的巨大需求；二是出生缺陷与人口老龄化将成为影响我国经济、社会可持续发展的重大问题，人口老龄化造成组织器官衰老及慢性病发病率显著上升；三是疾病谱发生改变，慢性病、代谢性疾病已成为人类健康的主要威胁，这类重大慢性疾病都是多基因复杂性疾病，目前的医学技术还不能根治，只能通过药物维持生命；若不能及时进行器官移植，最终将走向器官衰竭直至死亡的结局。器官移植技术可带来生的希望，人们期待着以再生医学为重点的新一轮医疗技术革命的到来。开展再生医学的相关研究，获得再生医学理论和技术上的突破，将成为人类寻找组织器官再生修复的新的技术手段，能够进一步满足社会实际的需求，并产生巨大的社会和经济效益（周琪等，2015）。

## 二、工程目标

发展干细胞技术、IPS 技术、CRISPR 基因组编辑技术、细胞信号调控技术、生物 4D 打印技术、点阵激光技术、高分子材料技术及纳米技术等科技手段，为再生医学研究提供技术保障。发现和阐明干细胞生物学的基本规律，揭示干细胞在组织器官发生和形成及再生中的本质作用，发展精准调控干细胞的新策略，建立和保持适用于中国人的干细胞库。

## 三、工程任务

### 1. 2016～2020 年

开发出多能干细胞干性维持机制及技术。研究谱系发育机制，重点关注发育过程中的谱系标记、细胞类型转换的分子模型与基因调控模式，并以此进一步完善干细胞干性维持的相关技术。

### 2. 2020～2025 年

确保组织干细胞的获得及功能维持，阐明干细胞的体内功能与作用机制。探讨移植细胞与组织微环境相互作用；进一步明确免疫耐受与免疫调节、移植干细胞的作用及机体稳态维持机制；建立细胞标记和分离等技术体系。

### 3. 2025～2030 年

阐明干细胞定向分化及细胞转分化机制，建立干细胞大规模培养、向特定谱系定向分化和转分化获得特定功能细胞的技术及干细胞谱系标记与分离纯化的技术。

### 4. 2030～2035 年

进行基于干细胞的组织、器官再造。利用干细胞体内外分化特性，结合智能生物材料、组织工程、胚胎工程，以及生物 3D/4D 打印等技术实现组织、器官再造。

### 5. 2016～2035 年

建立干细胞资源库。针对中国人群，建立具有代表性的干细胞相关的样本库及疾病资源库；构建患者来源的多能干细胞系，开展高通量药物筛选和基因治疗研究；完善干细胞临床前评估。建立包括非人灵长类模型在内的人类疾病动物模型，并应用动物模型开展干细胞移植的安全性、有效性的长期评价（科技部，2015）。

## 四、需要解决的关键科学技术问题

（1）多能干细胞的干性维持、干细胞定向分化等技术及干细胞分离、培养、定向分化等技术。

（2）结合生物材料、组织工程等实现干细胞的 3D 组织 / 器官再造技术；组织器官再造过程中的生物支架材料的开发和选用。

（3）开展再造活性组织的临床应用研究，完善临床前评估技术体系；开展干细胞移植安全性、有效性的长期评价。

（4）建立完善的异种移植和人源化异种器官建立和应用的临床标准，开发适用于细胞移植的载体型医用生物新材料，使其适用于人源化异种器官的构建。

（5）建立异种移植和人源化异种器官应用的相关法律法规体系。

## 五、至 2035 年标志性创新成果

（1）明确免疫耐受与调节机制，阐明多能干细胞干性维持机制及发育过程中的谱系标记、细胞类型转换的分子模型与基因调控模式，建立干细胞干性维持的相关技术体系。

（2）阐明移植干细胞与组织微环境相互作用、机体稳态维持机制，开发组织器官再造过程中的生物支架材料。

（3）建立干细胞大规模培养、谱系标记与分离纯化、向特定谱系定向分化和转分化获得特定功能细胞的技术体系与手段。

（4）建立基于干细胞的组织、器官再造等技术，以及针对中国人群建立具有代表性的干细胞相关样本库及疾病资源库。

（5）建立完善的异种移植和人源化异种器官建立和应用的临床标准，开发适用于细胞移植的载体型医用生物新材料，使其适用于人源化异种器官的构建。

（6）建立异种移植和人源化异种器官应用的相关法律法规体系，解决伦理审查等问题。

# 第五节 基于分子诊断与生物大数据分析的精准医学工程

## 一、需求与必要性

我国是人口大国，也是各类遗传性疾病高发的国家。患病人群之庞大，疾病类型之多样，决定了我们对于精准医学的迫切需要。分子诊断、大规模测序与生物大数据分析等作为精准医学工程的重要基础，将大力推进精准医学的发展。对医疗数据信息进行有效规范的收集、分析和利用，并依托基因编辑等技术进行相关疾病的精准治疗，将成为发展个体化治疗的强大助推器和战略性基础。

## 二、工程目标

以分子诊断、大规模测序与生物大数据分析为基础，对单基因遗传病的致病基因进行深入挖掘，实现单基因遗传病的分子诊断，并利用基因编辑技术对其进行治疗。

对于肿瘤、畸形、痴呆等多基因遗传病等复杂疾病，构建相应疾病的大数据平台，推进临床早期诊断、治疗和预后评估，实施精准防治，提高医疗卫生服务水平。同时发展个人健康管理产业，将个人健康信息的管理纳入精准医学范畴，为精准医学提供基础。

## 三、工程任务

### 1. 2020～2030 年

收集中国人群肿瘤、畸形、痴呆等复杂疾病及单基因遗传病的基因变异信息，构建各复杂多基因遗传病分类系统，结合大规模测序技术及生物大数据分析，构建疾病大数据平台。

2. 2025～2030 年

基于生物大数据及分子诊断等技术实现复杂疾病的个体化精准治疗。

3. 2030～2035 年

深入了解各疾病致病机制和生物学特点，综合分析个人健康信息与群体健康大数据，完成个体化健康管理系统的建立，发展新型健康管理产业，完成精准的个性化健康管理，为实现个体化精准医疗提供科学依据。

## 四、需要解决的关键科学技术问题

（1）在发展计算机云存储、云计算的基础上，推进机器学习等生物信息学技术，为大规模测序的组学数据及其他生物医学大数据的采集、标准化、融合、处理、挖掘分析及模型展示提供基础技术支持。

（2）在建立人群队列信息、生物样本库和生物信息学研究基础上，构建人群健康数据库共享平台，寻找更为精准的分子标记物并应用于临床分子诊断和分子影像领域，为精准医疗提供基础支持。

（3）加强基因编辑技术的基础研究，寻找精准的基因治疗靶点及高效适宜的载体，解决基因编辑的脱靶效应与安全性问题，逐步形成产业化与临床应用。

（4）建立生物医学数据库及相应的标准，将种类繁多的生物医学大数据进行有效的融合和集成。

## 五、至 2035 年标志性创新成果

（1）构建中国人群肿瘤、畸形、痴呆等复杂多基因遗传病分类系统，实现代谢类及复杂疾病和单基因遗传病的分子诊断和产前诊断。

（2）构建完整的疾病大数据平台，推进疾病的早期诊断、治疗和预后

评估，对重要疾病领域实施精准防治。

（3）完善基因编辑等治疗新技术，对部分单基因代谢类遗传基因达到治愈效果。

（4）完成新型、精准的个性化健康管理系统。

# 第六节　慢性病防控重大工程

## 一、需求与必要性

慢性病的特点为长期持续的不能自愈或很少能完全治愈的疾病，多发生于中老年人，具有非常常见、病程长、流行广、治疗费用多、致残致死率高等特点，以心脑血管疾病、癌症、糖尿病和慢性呼吸系统疾病等为代表，是全球面临的最严重公共卫生问题，是世界上首要的死亡原因，其中约80%发生在低收入和中等收入国家。慢性病的主要致病因素有环境因素、不良生活方式、遗传因素和卫生服务等。伴随工业化、城镇化、老龄化进程加快，我国慢性病发病人数快速上升，现有确诊患者2.6亿人。慢性病导致的死亡已经占到我国总死亡的85%，导致的疾病负担已占总疾病负担的70%，已经成为我国人民因病致贫、返贫的重要原因，是重大的公共卫生问题，若不及时有效控制，将带来严重的社会经济问题。

2011年，第66届联合国大会通过了《关于预防和控制非传染性疾病的政治宣言》（*Political Declaration on the Prevention and Control of Noncommunicable Diseases*），承认慢性非传染性疾病（简称慢性病）给全球带来的负担和威胁是21世纪发展的主要挑战之一，并严重威胁到世界各地的社会和经济发展，以及国际发展预期目标的实现；确认各国政府在应对非传染性疾病挑战方面具有首要作用，并需承担首要责任，社会所有相关部门都必须做出努力、参与进来，以制定预防和控制非传染性疾病的有效对策；呼吁采取紧急行动以实施世界卫生组织的《预防和控制非传染性疾病全球行动计划》（*Global Strategy for the Prevention and Control of Noncommunicable Diseases*）及其相关行动计划；认识到人们的生活条件和生活方式影响其健康和生活质量，贫穷、财富分配不均、缺乏教育、迅速城市化和人口老龄化及经济、社会、性别、政治、行为和环境方面的健康决定因素等，都是导致非传染性疾病发生率和流行率上升的因素；严重关切地注意到非传染性疾病及其风险因素加剧贫穷，而贫穷又导致非传染性疾病发生率上升这样一个恶性循环，对公共卫生及经济和社会发展构成威胁。

国内外经验表明，慢性病是可以有效预防和控制的疾病。30 多年来，我国经济社会快速发展，人民生活不断改善，群众健康意识提高，为做好慢性病防治工作奠定了基础。多年来在我国局部地区和示范地区开展的工作已经积累了大量成功经验，并初步形成了具有中国特色的慢性病预防控制策略和工作网络。但是，慢性病防治工作仍面临着严峻挑战，全社会对慢性病严重危害普遍认识不足，许多民众在慢性病早期发现、早期诊断及早期治疗方面意识不强，技术措施落后，部分患者不能得到及时救治，以致病程迁延，致残率高，且造成治疗复杂、费用高昂。在管理层面，政府主导、多部门合作、全社会参与的工作机制尚未建立，慢性病防治网络尚不健全，卫生资源配置不合理，人才队伍建设亟待加强。为确保"健康中国"战略目标的实现，必须把加强慢性病防治工作作为改善民生、推进医改的重要内容，采取有力、有效措施，尽快遏制慢性病高发态势。

## 二、工程目标

围绕我国慢性病防治的重大需求，建立超大型人群慢性病研究队列，突出国家导向，整合优势力量，突破重大科技问题，发展关键共性技术。建设中国慢性病防控体系，完善全国慢性病防控网络和综合防治工作机制，显著提高我国慢性病防控能力，逐步降低慢性病的患病率和病死率，控制由慢性病造成的社会经济负担水平。

## 三、工程任务

### 1. 2016～2035 年

建立我国超大型人群慢性病研发队列，动态观察影响我国居民身体健康的主要危险因素变化，以及对健康的作用和影响，研制健康工具包，提出与时俱进的防治策略。

### 2. 2016～2020 年

启动和实施重点慢性病防控行动计划；改善贫困地区人群健康行动计划。

### 3. 2016～2025 年

实施针对健康危险因素的环境与健康行动计划；全民健康生活方式行动计划；减少烟草危害行动计划。

### 4. 2020～2035 年

提高医疗卫生服务效率行动计划；发展健康产业行动计划。

## 四、需要解决的关键科学技术问题

### 1. 针对慢性病病因学的控制关键技术

在慢性病的致病因素中，诸如不健康饮食、缺乏身体活动、烟草使用和有害饮酒等不良生活行为方式是完全可控的，而且改变不良的生活方式是预防慢性病成本效益最好、所需费用最低，同时也是可持续的方法。针对病因学的预防控制措施属于一级预防，可以在全人群广泛开展，主要包括针对全人群的行为干预措施和针对患者特点的行为干预措施。通过此重大工程项目，发现不同地区、不同人群、不同时间的重大慢性病危险因素，包括已知的和未知的，据此，确定有针对性、可行性、有效的预防技术，评估防治效果，总结干预经验，因地制宜地向全国科学推广。

### 2. 针对早诊早治的慢性病控制关键技术

慢性病的早诊早治控制措施主要针对慢性病高危人群和患者，阻止危险因素的进一步暴露并将其消除，防止高危人群转化为慢性病患者，减少或延缓慢性病患者并发症的发生，降低致残率、死亡率。主要控制措施包括通过对重点人群定期体检以进行疾病筛查，及时发现致病因素和慢性病患病人群，通过家庭医生定期随访及时了解高危人群的危险因素控制情况和慢性病患者的疾病控制情况，并进行相应的指导，将信息记录在健康档案中并实时更新。目前，社区疾病筛查制度未得到落实，现症患者未即时登记，我国在慢性病防控的监测方式、频率、指标上没有统一的标准。通过本重大工程项目，组织研发统一的慢性病防控管理系统，使基层卫生防控机构能为居民建立慢性病电子病历和治疗档案，根据档案记录，及时掌握和了解区域居民慢性病防控的效果，并及时进行防控方案的调整。另一方面，还要开展重大慢性病早期发现、早期诊断、早期治疗的研究，利用国内外最新的研究成果，筛选出适宜国人的更加灵敏、可靠、有效、可行的诊治技术，提高慢性病早发现比例，及早采取干预和治疗措施，减轻或控制慢性病的流行（井珊珊，2013）。

### 3. 针对临床治疗和救治的慢性病关键技术

在不同类型医院，建立重大慢性病患者队列，开展临床治疗和救治的新技术研究，对疗效的评价既要评估病死率降低的程度，也要兼顾经济可承受性和患者可接受性。

### 4. 针对慢性病的康复和长期照护管理研究

通过本重大工程项目，破解慢性病和老年失能、失智所遗留下来的大量患者的康复问题和长期照护的管理问题，研发具有知识产权的康复核心技术和仪器设备，以及残疾患者所用生活替代设备，探讨适宜国情的失能、失智患者的康复及照护管理模式。

### 五、至 2035 年标志性创新成果

慢性病防控核心信息人群知晓率达 70% 以上；35 岁以上成人血压和血糖知晓率分别达到 90% 和 70%；全民健康生活方式行动覆盖全国 70% 的县（市、区），国家级慢性病综合防控示范区覆盖全国 30% 以上县（市、区）；高血压和糖尿病患者规范管理率达到 60%，管理人群血压、血糖控制率达到 70%；脑卒中发病率上升幅度控制在 5% 以内，死亡率下降 5%；50% 的癌症高发地区开展重点癌症早诊早治工作；40 岁以上慢性阻塞性肺疾病患病率控制在 5% 以内；全人群死因监测覆盖全国，慢性病及危险因素监测覆盖全国 70% 的县（市、区），营养状况监测覆盖全国 30% 的县（市、区）；慢性病防控专业人员占各级疾控机构专业人员的比例达 20% 以上（国务院办公厅，2017）。

## 第七节 出生缺陷检测和预防新技术新产品研发工程

### 一、需求与必要性

中国是出生缺陷高发国，根据卫生部《中国妇幼卫生事业发展报告（2011）》和《中国出生缺陷防治报告（2012）》公布的全国出生缺陷医院监测数据，我国出生缺陷发生率呈上升趋势，近 15 年增长幅度为 74.9%。我国出生缺陷发生率在 5.6% 左右，每年新增约 90 万例，数量仅次于印度，位居全球第二。出生缺陷已成为严重影响我国经济建设、社会发展和民生改善的重大公共卫生问题。

### 二、工程目标

实现临床常见遗传疾病数十个致病基因上百个突变位点的低成本快速

检测，以及无创产前筛查和母体外周血胎儿游离核酸的单分子高灵敏检查；研发先天性鼻缺损、颅骨缺损、唇／腭裂和外耳畸形等重症出生缺陷组织修复产品；研发拥有自主知识产权的国产医学遗传检验设备。

## 三、工程任务

### 1. 2016～2025 年

开发出适宜无创产前筛查和母体外周血胎儿游离核酸的单分子高灵敏检查技术；开发治疗常见遗传病的罕用药和伴随诊断产品；制订遗传、代谢等先天疾病标准化治疗方案。

### 2. 2020～2025 年

扩大无创产前筛查等技术在胎儿遗传性疾病的检测范围与诊断种类，扩展胎儿镜等宫内技术在发育异常胎儿的检查及宫内治疗中的应用。

### 3. 2020～2035 年

研发并制造出低成本、自动化并拥有自主知识产权的国产医学遗传检验设备及配套的分析检查试剂。

## 四、需要解决的关键科学技术问题

研发出生缺陷风险预测与预警、筛查、诊断、治疗的相关技术、方法和产品；完善单基因病和染色体非整倍体疾病的无创产前诊断技术；进一步扩展遗传疾病检测病种范围，与国际接轨；研制高通量、自动化、准确、廉价的遗传病产前筛查、诊断高技术平台及其临床应用规范体系；加强胎儿宫内治疗新技术的开发，加强并扩大胎儿镜在胎儿遗传性疾病的诊断和发育异常胎儿检查及治疗中的应用；开发治疗常见遗传病的罕用药和伴随诊断产品，以及常见出生缺陷的细胞修复技术。

## 五、至 2035 年标志性创新成果

（1）建成可以满足常见出生缺陷检测与筛查的实验新技术与规范化的医学平台，全国县级及以上地区对常见出生缺陷的检测与筛查的覆盖率达到 100%；可以规范检测与筛查的出生缺陷种类达到 70%。

（2）开发出针对常见出生缺陷的治疗药物或治疗技术 10 种以上，以及检测设备或实验试剂 20 种以上。

# 第八节　智慧健康工程

## 一、需求与必要性

随着我国经济的发展和人民生活水平的提高，人们越来越关注自身的身体健康状况，并对医疗卫生水平提出更高要求。但同时，由于我国人口众多、人均期望寿命显著增加，而总体医疗卫生资源相对匮乏，致使我国人口老龄化问题严重、慢性病呈井喷式增长，看病难、看病贵成为突出的社会问题，加上新发传染病频出，传统医疗卫生体系已经无法满足当下及未来人民群众的医疗保健需求。智慧健康是一个以智能技术、健康技术、网络技术等创新技术作为支撑，为人类健康提供服务功能的复杂动态系统。积极运用新一代信息技术，创新健康管理、干预和诊疗方式，大幅度提高医疗卫生资源使用效率，大幅度改进健康管理和便民服务流程，实现智慧健康，是解决上述国人健康问题的有效途径，是深化我国医疗体系改革的客观需要，也是实现"健康中国"战略目标的必然要求。

## 二、工程目标

从宏观层面解决我国人民健康的整体问题，以智慧医疗为基础，实现

向疾病预防、诊疗、康复全方位智慧健康的发展与跨越。实现个人、家庭、社区、医疗机构与健康资源的有效对接和优化配置，推动健康服务智慧化升级。树立以人为中心的全周期健康管理意识，发展为全人群尤其是老年人、残疾人、婴幼儿、孕产妇等特殊人群提供更全面、更高效、更便利的智慧健康服务。

## 三、工程任务

### 1. 2016～2025 年

加强医工交叉研究，加快以传感器为基础的采集数据精准度高的可穿戴医疗设备的研发及产业化。

进一步完善以电子健康档案、病历档案为基础的各级卫生信息化平台建设，推进公共卫生、医疗服务、医疗保障、基本药物制度和综合管理等信息系统建设。强化医疗、护理、民政、医保、信息、社区服务等各行各业的跨界协同和融合，打破信息孤岛。

建立互联网、电信、金融等企业与健康行业互联共享的大数据融合平台。促进医疗卫生、计算机、通信、物联网、大数据等诸多领域内部及相互之间的互联互通，加快推进各领域的标准体系建设。

加强健康大数据的分析和挖掘，不断深化健康大数据的应用，为疾病的预防、预警、诊疗、康复和监测等提供个性化的智慧健康服务。

### 2. 2016～2035 年

强化跨媒体数据和人机吻合技术，在智能手术机器人方面获得突破。

突出中医在社区养老、妇幼保健、慢性病管理等领域的优势，将中医医疗保健作为智慧健康工程的重要组成部分。

建立突发公共卫生事件（如传染病暴发）的信息系统平台，运用情景模拟、态势推演等技术，采用时空动态地图技术叠加"情景-应对"模型方案，对突发公共卫生事件做出快速的事件评估和决策预案。

## 四、需要解决的关键科学技术问题

智慧健康的实现需要诸多技术支持，其中物联网技术是智慧健康的核心，对智慧健康系统的各层，包括感知层、网络层和应用层等都有重要影响。我国的智慧健康工程建设尚处于起始阶段，需要对智慧健康相关技术不断进行研发与完善。在感知层，包括对健康数据进行采集的射频识别技术、传感及传感网络等末端智能感知技术等。网络层涉及的关键技术有网络通信技术、网络融合技术、云计算等。在实现健康数据采集和初步感知的基础上，对数据开展深度挖掘，深入研究不同数据源的关联，实现多源数据融合分析，加强数据技术研发方向的前瞻性和系统性，在大数据平台和软件上实现突破。为了提高个体对智慧健康的接纳和使用程度，在技术手段上要完善对个人健康数据的隐私保护，包括以保证个人身份安全为核心的相关认证技术、确保数据安全传输的密钥建立及分发制度，以及确保各类数据安全的数据加密、数据安全协议、数据匿名化技术等（洪紫映等，2016）。

## 五、至 2035 年标志性创新成果

（1）建立若干智慧健康国家重点科研基地和应用示范基地，建立若干典型智慧健康城市。

（2）完成若干全国或相对较大地域性的智慧健康管理平台，支撑全国智慧健康系统有序运行。

（3）医疗卫生、计算机、通信、物联网、大数据等诸多领域内部及相互之间建立完整的标准体系。

（4）个人健康大数据的存储和传输安全性得到有效保障。智慧健康建设总体科技水平达到或接近发达国家水平。

# 第八章
# 医药卫生领域重大科技项目

—————

为了满足我国经济社会发展对医药卫生领域工程科技的重大需求，发挥对国家医药卫生事业建设和发展的全局性或关键性推动作用，全面提升我国医药卫生关键领域技术水平和自主创新能力，促进我国医药卫生科技长远发展。通过对医药卫生领域重点工程的分析，结合各子领域的特点，提出了 10 个具有前瞻性、先导性和探索性的重大科技项目，建议从国家层面给予重点支持和推动，支撑未来医药卫生领域重大工程突破和新兴产业发展。结合我国"十三五"科技创新规划和目前正在开展的研究项目，医药卫生领域最后向中国工程科技 2035 发展战略研究总体组提出 2 个重大科技项目，分别为人体微生态与健康重大科技项目和智能化医疗与大数据重大科技项目。

# 第一节　脑科学与人工智能重大科技项目

## 一、应用目标

我国社会正处于现代化进程中，随着全球国际信息及经济一体化和人民生活水平的迅速提高，社会及民众对人工智能的需求日益增多，而神经精神及认知行为障碍疾病带来的社会问题日渐增多，这使得人类大脑功能研究及人工智能研发与应用成为亟待完成的任务，同时对脑功能机制深入挖掘与分析也将极大促进我国未来医疗、经济、民生、国防等多方面快速发展。未来 20 年神经科学领域将面临巨大机遇与挑战，以美国为首的世界多国均提出较为明确完善的"脑计划"，我国也应抓住此次机遇，以"认识脑、保护脑、模拟脑、增强脑"作为认知与行为科学领域核心目标，以全面阐明大脑功能及认知机制、开发全新类脑智能模型与神经精神及认知行为障碍疾病防控技术为主要任务，全面推进脑功能研究和构建类脑智能系统基础及临床研发应用平台。

## 二、关键技术攻关任务与路线

随着脑与认知科学的研究发展和观测大脑微观结构技术手段日益丰富，人们已经可以在微观水平观测到神经元的结构、不同脑区的形态，以及神经元放电、不同神经元如何构成神经网络等信息处理过程，并已可以在计算机上部分模拟脑信息处理过程。然而目前仍然有许多问题需要解决，例如：更加精确的人脑图谱；神经网络及与脑功能相关的神经回路情况；人类对外界环境的感知机制，包括注意、学习、记忆及决策等神经机制的研究；对语言的认知，包括探究语法及句式结构的研究；脑模拟平台的构建，包括大脑信息处理机制的解析，类脑多尺度神经网络计算模型的建立，以及类脑人工智能算法的研究；类脑人工智能软件系统的研发，包括类脑各层次和各处理模块之间的关联研究，类脑智能信息处理理论与方法的建立。因此该专项拟在以下时间节点完成关键性任务。

### 1. 2016～2020 年

开发基于多水平全新人类脑及脑连接解剖-功能-分子-影像图谱。

### 2. 2016～2025 年

利用脑网络分析等最新技术，提高脑波信号的读取与解析水平，开展脑功能相关的神经回路研究，明确认知过程中相关电活动的动态变化和信息处理机制，完善神经网络的结构和功能的可塑性研究。

### 3. 2020～2030 年

研究精细脑图谱构建所需要的多模态影像技术及其计算理论和方法；突破听觉认知、视觉认知、言语加工等若干脑功能机制，建成大脑认知功能模拟平台、解析仿真平台、类脑计算系统研发平台。

### 4. 2020～2035 年

精细构建大脑的神经网络，划分出大脑不同功能（如记忆、情感等）所对应的神经环路图谱；在视听感知、自主学习、记忆和情绪等脑认知活动神经原理、类脑计算机和类脑人工智能等方面取得重大突破，推动科技成果转化和应用，将中国建设成为全球有重要影响力的脑科学科技创新中心。

## 三、工程技术目标与标志性创新成果

（1）全面系统性研究脑解剖功能及神经认知机制；从整体、神经网络、细胞、分子、功能领域描绘新一代脑图谱。

（2）明确脑功能认知的神经机制；建立基于多组学、多学科脑功能基础研究的大数据云平台。

（3）建立类脑多尺度神经网络计算模型，建立类脑智能信息处理理论与方法，构建高度协同听觉、视觉、知识推理等认知能力的多模态认知信息处理机制。

（4）利用类脑智能实现超越人类的信息处理任务，开发视听感知、自主学习、自然会话等类脑智能应用技术。系统性整合服务平台体系，基于脑功能基础研究大数据及社区医疗的全面一体化医疗信息服务体系，进而发展人机交互的医疗、智能家居、养老助残的可穿戴设备，用于大数据的情报分析、国家和公共安全监控与预警。

# 第二节　生物与分子医学重大科技项目

## 一、应用目标

对重要疾病领域，如恶性肿瘤、心脑血管疾病、糖尿病等代谢性疾病和出生缺陷等遗传性疾病及罕见病实现精准防治和诊疗，利用分子影像技术对其实施早期诊断，并对重要疾病领域实施个性化精准治疗。大力推动基因与分子编辑技术的临床应用进程，单基因遗传病有望成为首先应用基因编辑技术进行根本性治愈的一大类疾病。为我国居民提供更加精准、高效的医疗健康服务，提高疾病治愈率，降低病死率，基于生物医学大数据建立疾病预警、预测模型并应用于个性化健康管理，为打造"健康中国"提供新的技术支撑。

## 二、关键技术攻关任务与路线

1. 2016～2020 年

加强计算机硬件系统、云计算技术及计算机学习技术的开发，为生物大数据的研究提供基础支持。

2. 2020～2025 年

建立生物医学数据标准，推进生物医学大数据的进一步分析、整理及信息挖掘。

### 3. 2020～2035 年

加强基因编辑技术基础研究，寻找基因治疗的有效靶点，并解决脱靶效应和安全性问题，同时加强应用基础研究，寻找更为精准的分子标记物用于分子诊断。加强治疗性疫苗、体液免疫和细胞免疫治疗的研发。

### 4. 2016～2035 年

构建生物医学大数据库共享平台，建立个性化精准诊疗规范与标准，如分子诊断、基因与分子编辑、免疫治疗等均需统一化标准以规范技术应用。

## 三、工程技术目标与标志性创新成果

（1）在建立人群队列信息、生物样本库和发展信息学研究基础上，构建生物医学大数据库共享平台，发展基础研究，寻找更为精准的分子标记物并应用于临床分子诊断和分子影像领域，为精准医疗提供基础研究支持。

（2）加强基因编辑技术的基础研究，寻找精准的基因治疗靶点，解决脱靶效应、安全问题，寻找适宜载体并形成产业化。

（3）研制治疗性疫苗并商品化上市，推广体液免疫和细胞免疫治疗的临床应用。

# 第三节　高端医疗器械重大科技项目

## 一、应用目标

生物物理与医学工程是一门新兴的交叉学科，它综合应用生物学、医学、物理学、生物化学、计算机科学和工程学等学科的基本原理和方法，从分子水平到器官水平研究生命体的生理和病理学过程，研发新材料、新药物、新器械、新设备和新方法，旨在解决疾病预防、诊断、治疗和康复等重大健康问题。

生物物理与医学生物工程学是其重要基础和动力，世界各个主要国家均将其列入高技术领域，重点投资、优先发展。我国已经在"十一五"和"十二五"期间加大了对该方向的科研经费投入，积极从国外引进了许多该领域的科研人员，建立了研究平台，提升了研究水平，推动了国内生物物理与医学工程的发展。随着我国在该领域的科研成果不断产出，临床诊疗新技术及其相应的设备将会不断涌现，生物物理与医学工程将以早期诊断、精准治疗、诊疗一体为核心，为疾病诊疗提供全新的方法。

## 二、关键技术攻关任务与路线

### 1. 2016～2020 年

以新型生物材料及纳米材料为载体，将其应用于药物开发和新型设备研发等领域中。

### 2. 2020～2025 年

新型移动设备或可穿戴设备，能够高效便捷地评估疾病、运动、影像、行为、环境毒素、代谢产物等信息情况。通过对新型介入治疗影像导引设备和新型介入器材的研发，实现更精准、更高效、更安全的个性化治疗。

### 3. 2025～2030 年

将生物 3D/4D 打印技术应用于再生医学和组织工程等生命科学和基础医学研究领域，主要用于修复和构建组织器官。

### 4. 2030～2035 年

研发以智能化、人机协作为核心的新一代医用机器人和导航技术，提高手术质量和效率，突出"微创"和"精准"两大特征。

### 三、工程技术目标与标志性创新成果

（1）通过跨学科合作，有效整合优势科技资源，提高可穿戴设备和移动医疗产品设计水平及系统集成水平，加强核心零部件材料与工艺技术的可靠性。

（2）加快推进自主标准体系建设，奠定产品系列化、规模化、国际化基础。构建生物物理与医学工程示范应用推广技术平台。

（3）通过声、光、电、磁等多模态成像监测系统的完善，促使疾病诊断更加精确、高效。通过分子影像融合技术进行精准定位，再运用光、声等技术与治疗方法的结合达到诊治一体，实现基础研究向临床治疗的转化。

（4）研究新型生物材料及纳米生物技术，将这些新型生物材料及纳米材料作为载体应用到药物开发及运载基因的研究中，并在肿瘤治疗和基因治疗等方面发挥药物的最大疗效。

（5）进行新型影像学导引设备研发及介入相关器材和材料的研发，如高分子生物材料的研发和具有良好生物安全性的合金材料的研发等。

（6）解决生物打印过程中血管组织的布局和组装问题，解析细胞与支架材料间相互作用机制，构建具备功能性血管的三维结构。

## 第四节　转基因动物技术和转基因动物制药重大科技项目

### 一、应用目标

人源化转基因动物在疾病模型建立、药物研发、药用蛋白及抗体生产等多个领域具有巨大的应用潜力。通过基因编辑和转基因技术用人类基因"置换"动物基因获得的人源化转基因动物，一方面，极大提高了用动物

模型研究人类疾病、开发药物的有效性；另一方面，利用人源化转基因动物开发和生产药用蛋白、抗体等可极大地降低成本和投资风险，已经成为新一代生物制药的重要策略。以人抗体转基因小鼠平台为例，人抗体转基因小鼠是使小鼠自身抗体编码基因"灭活"转而表达人抗体基因，从而在小鼠体内产生人单克隆抗体。利用该技术开发的人单抗药物占近年来总数的近20%，目前是全球公认的最高效、最具竞争力的抗体药物研发技术。此外，通过基因编辑和克隆技术产生的人源化转基因大动物作为生物反应器生产药用蛋白，与以往的制药技术相比具有不可比拟的优越性：产量高、易提纯、生物活性稳定。总之，人源化转基因动物在未来生物制药产业中的地位将日益突出。

## 二、关键技术攻关任务与路线

人源化转基因动物制药技术在我国尚处于起步阶段，尚未实现产业化，但在国际上已经存在较成熟的产业链。该技术属于高科技含量技术密集型项目，技术体系庞大、繁复，学术理论和技术起点高，对人员素质和资源投入有很高的要求，导致该技术的普及速度慢。目前人源化转基因动物制药技术是世界上只有少数超级药企掌握的垄断性技术。因此，应设立本技术方向的重大科技项目，加快研究，旨在转化。

1. 2016～2020年

解决人源化转基因动物制作的关键技术难点，主要包括人源基因大片段转入技术、人工染色体技术、内源性基因大片段编辑技术、胚胎干细胞操作技术等。

2. 2020～2025年

解决人源化转基因动物制药技术中的关键技术难点，主要包括人源基因在动物体内的高效表达和人源蛋白、抗体的分离纯化等。

3. 2025～2030年

利用人源化转基因动物开发和生产药用蛋白及抗体，建立健全该类药物的临床效果和安全性评价标准。

4. 2030~2035 年

完成人源化转基因动物制药产品的临床治疗环节研究，制定相应的临床治疗指南或规范。

### 三、工程技术目标与标志性创新成果

（1）人源化转基因动物制作技术及人源化转基因动物制药技术的攻克和完善。

（2）人源化转基因动物制药商品化药物的上市。

（3）生产口服转基因动物生物制品。

## 第五节　营养防控慢性病的重大科技项目

### 一、应用目标

世界卫生组织和许多国家膳食战略实施已经证实，通过膳食指导和膳食干预可以有效预防慢性病的发生发展，达到促进健康的目的。为此，本项目将利用代谢组学、基因组学和蛋白质组学的技术，建立精准营养状况的评价方法，制定预防慢性病的精准中国居民膳食营养素参考摄入量（DRIs），系统研究膳食因素、遗传因素及其交互作用对慢性病发生发展的影响。筛选出营养相关疾病患者的早期风险预警、营养诊断敏感标志物（如在唾液、尿液、肠道分泌物等生物体液及血液中特征性变化指标、靶标蛋白，肠道指示微生物、代谢与功能性指标等筛查预警敏感指标），进一步对这些指标进行相关性分析，确定特异性和灵敏度高的指标及其参考范围，有助于人们根据自身内在基因特征来选择适宜自己的食物，同时针

对不同遗传背景的人群制定更加详细的 DRIs，达到利用"精准营养"的方式来预防慢性病的目的。

## 二、关键技术攻关任务与路线

### 1. 2016～2020 年

建立机体营养状况的精准评价技术。综合营养、生化、代谢等指标与临床病情的关系，建立疾病营养等级标准，筛选出营养相关疾病患者的早期风险预警、营养诊断敏感标志物，确定特异性和灵敏度高的指标及其参考范围，建立我国营养相关疾病患者风险预警指标体系和营养风险等级计算机智能预测模型，研发软件系统，为可靠和有效的营养及其干预评价提供重要的技术支撑。

### 2. 2020～2025 年

基于基因组学技术制定预防慢性病的精准 DRIs。目前 DRIs 是基于不引起疾病和毒性作用、能满足绝大多数人的需要而制定的，是针对整个人群的。营养基因组学及生物系统学的研究进展使得个体及具有相同基因 SNP 小群体 DRIs 的制定成为可能。因此，应在充分考虑营养素与基因之间的复杂相互作用的基础上，制定预防慢性病的精准 DRIs。

### 3. 2025～2030 年

系统研究膳食营养和遗传因素相互作用对慢性病的影响。分析不同营养素和不同膳食构成对相关基因表达的影响，从基因多态性角度分析与居民营养状况的关系及基因与膳食因素相互作用对疾病的影响，从表观遗传学角度预测机体成年后营养相关疾病的发生，建立利用基因多态性、表观遗传学等手段分析人体营养状况和慢性病发生、发展之间关系的方法。利用基因组学、蛋白质组学和代谢组学技术建立寻找营养相关疾病发生的早期、敏感、特异的生物标志物的方法，深入探讨生物标志物与慢性病之间的关系，明确各类营养素的评价方法，建立判断界值，明确需求量。

### 4. 2030~2035 年

利用"互联网＋"技术整合基础数据，建立精准化营养指导和慢性病干预系统。将建立的营养素、营养相关疾病的基因图谱数据库、代谢物标志物数据库、精准化 DRIs 数据库与传统的营养成分数据库和 DRIs 数据库相结合，利用"互联网＋"技术将各数据库整合，建立客户终端，根据个人信息及基因图谱的特征，给予精准的膳食指导和膳食干预，最终达到预防和控制慢性病的目的。

### 三、工程技术目标与标志性创新成果

预期在 2035 年，在对现有慢性病及其危险因素监测、营养与健康状况监测进行整合及扩展基础上，初步建立营养素、营养相关疾病的基因图谱数据库、代谢物标志物数据库、精准化 DRIs 数据库与传统的营养成分数据库，并建立客户终端，为居民营养教育和营养干预提供个性化方案。最终达到全面掌握我国居民营养状况、主要慢性病患病及相关影响因素的现况和变化趋势，为政府利用精准营养方式来制定和调整慢性病防控、营养改善及相关政策，评价防控效果提供科学依据。

标志性创新成果主要包括两方面：一是预防营养相关疾病的精准DRIs 数据库、营养相关疾病基因成分数据库、代谢物标志物数据库等基础数据库的建立；二是利用"互联网＋"技术，制订部分营养相关疾病的个性化营养干预方案，实现营养干预全民化。

# 第六节　发育与生殖研究重大科技项目

## 一、应用目标

我国是世界人口大国，预计在 2030 年前后人口总量将达到 15 亿左右。

同时，人口结构性矛盾突出、人口老龄化、生育力下降将成为重要的社会问题，并会严重影响我国社会和经济的快速发展，因此迫切需要科技提供强有力的支撑，发育与生殖研究正是其中最重要的一个核心内容。随着我国各项保障措施的逐步完善，生殖医学面临的诊疗对象在未来 20 年也将发生结构性的变化，优生优育、降低出生缺陷将成为生殖医学新的核心目标，无法得到正常后代的人群将成为生殖医学的服务对象，这其中包括核遗传病患者、线粒体遗传病患者和年轻放化疗癌症预后患者。

## 二、关键技术攻关任务与路线

### 1. 2016～2020 年

针对线粒体遗传疾病，开发以原核移植和纺锤体移植为主的有针对性的辅助生殖新技术，并利用建立的辅助生殖技术安全性评价体系，完成新技术的可行性和安全性评价工作。

### 2. 2020～2025 年

进一步研发基于单细胞水平的高通量、精准的检测技术，对辅助生殖技术中高质量配子筛选、胚胎植入前遗传学诊断提供分析平台。

### 3. 2025～2030 年

对卵巢／睾丸等生殖器官、人类精子、卵子和胚胎超低温保存新技术进行深入研究，探索新的人类生育力储备技术。

### 4. 2030～2035 年

通过低温保存生殖器官、组织和胚胎组织（器官）自体移植研究，探讨生殖障碍性疾病治疗的新途径；寻找恶性肿瘤患者生育力保护保存的有效、可靠方法。

## 三、工程技术目标与标志性创新成果

工程技术目标如下。

（1）建立利用原核移植和纺锤体移植为主的辅助生殖技术体系，开展线粒体遗传疾病患者的临床治疗。

（2）实现胚胎植入前单细胞／微量细胞的遗传学诊断技术体系的临床应用。

（3）研发人类生育力储备新技术体系。

预期标志性创新成果包括对人类卵母细胞及胚胎发育相关的研究和完成胚胎植入前遗传学诊断／筛查的研究。这些研究成果，将会大大促进和提高临床生殖医学的进步，改善妊娠结局。

# 第七节　靶向病原体防御技术重大科技项目

## 一、应用目标

综合新一代基因测序技术和传统的病原体分离培养技术等，及时地针对新发现病原体、跨物种传播病原体及人畜共患病原体等进行病原学确认及其基因测序，对常见病原体的基因变异特征进行检测与生物信息学解析，结合宿主的临床表现和易感性的遗传性分析等，筛检和确定对特定人群具有潜在高风险度的病原体；进而利用快速研发疫苗的技术手段和人体微生态干预技术，构建出针对常见病原体的候选通用疫苗株／库，依据新发传染病的预警研判结果，启动相应病原体的疫苗接种程序，在人群中快速构建免疫屏障，限制该病原体的进一步传播，达到紧急防御的目的，为后续的防控措施争取时间。

## 二、关键技术攻关任务与路线

针对新发现病原体、跨物种传播病原体及人畜共患病原体等，分析病原体的潜在致病风险与基因序列特征，建立候选疫苗株／库，应急防控突发传染病。

### 1. 2016～2030 年

新发现病原体等基因序列分析与通用疫苗株／库的建立。通过采集宿主血液等临床样品，进行相应病原体的确认及其基因组序列分析，分析病原体的变异规律和致病机制，并结合宿主的其他临床表现或流行病学资料，确定对特定人群有潜在高风险度的重要病原体，构建通用疫苗株／库，进行免疫原性及生物安全性评价，建立相应疫苗的接种程序与方法，以备特定人群的应急防御。

### 2. 2031～2035 年

宿主易感性分析及其抗病原体作用机制研究与应用。综合比较分析病原体基因组序列等生物学特征与宿主遗传背景和免疫状态等资料，筛选我国人群中常见病原体的易感性基因，分析其抗病原体的作用机制。根据宿主易感性调查结果，通过基因编辑技术和转基因动物技术等，选育和改良出特定的动物品系，建立相应病原体的感染动物模型或者有抗病原体能力的禽畜动物等。

## 三、工程技术目标与标志性创新成果

（1）建立重要病原体的分离、检测与生态学研究平台。

（2）阐明重要病原体分子变异和进化的规律及生物学特性。

（3）揭示重要病原体跨物种传播过程中病原体配体与宿主细胞受体的作用机制。

（4）解析重要病原体在不同宿主细胞中的复制机制。

（5）建立重要病原体候选疫苗株／库的制备技术与评价体系。

（6）揭示宿主易感性因子或感染限制性因子在病原体感染或跨物种传播中的作用机制。

（7）建立新型病原体感染动物模型。

# 第八节 人体微生态与健康重大科技项目

## 一、应用目标

鉴于人体微生态随着年龄增长不断变化，参与生长、发育、衰老等生命过程，并且人体微生态是宿主消化吸收、免疫反应、物质能量代谢的重要维持者，在多种疾病发病机制和治疗中发挥重要功能，并结合创新的宏基因组、宏转录组、代谢组等技术与传统的微生态学实验技术，深入开展人体微生态学研究，促进其相关研究从量变到质变、从菌群结构功能变化的表象揭示向菌群之间、菌群与人体相互作用的探讨等更高维度发展，并注重对微生态在发育、疾病和药物应用中的作用与机制研究，探索形成有助于人类健康保障与疾病防治等的新途径或新策略。

## 二、关键技术攻关任务与路线

开展人体微生态的检测、分析技术及微生态在人体健康或疾病中的作用与机制研究，进行人体微生态资源开发及其在人体相关疾病防治中的应用研究。

### 1. 2016～2020 年

创建基于高通量测序的微生态研究方法与策略，开发适用于常规实验室使用的新统计学方法和分析软件，探索通过集成海量数据挖掘揭示传统生物学理论难以解释的生命规律的方法。揭示人体微生态不同区系的发生、发展、演替规律及其对宿主的发育、免疫、消化、代谢的作用与机制。阐明人体微生态失衡、菌群移位导致感染的机制及其对人体免疫功能的影响与机制；建立人体肠道微生态中病原菌耐药基因组数据库，发现新的耐药基因，明确耐药基因的来源及传播机制。

**2. 2020～2035 年**

解析肿瘤、代谢病等相关疾病患者的皮肤、黏膜及特定器官或细胞中微生态的组成、结构与功能，揭示微生态组分参与肿瘤及相关疾病的作用机制；阐明人体微生态改变导致相关疾病发生发展的作用和机制；开展益生菌的基因工程菌研发及临床应用。

### 三、工程技术目标与标志性创新成果

（1）揭示人体微生态在发育、感染、免疫、肿瘤、代谢性疾病中的作用与机制。

（2）揭示人体微生态在药物代谢中的作用及其在微生物耐药发生发展中的机制。

（3）发现与重大慢性病和感染性疾病进程密切相关的人体微生物菌群或分子靶标，提供 100 种左右候选诊断标志物和药物靶标。

（4）建立和完善人体微生态测定、系统研究和应用开发的技术平台，形成一批原创性的人体微生态研究新方法和新技术。

（5）开发出一系列用于人体健康促进和疾病治疗的微生态新药物、新技术和新方法。

（6）构建多种具有应用前景的国家级人体微生物菌种、菌群和产物的公共资源库。

（7）推动我国微生态制剂、相关试剂和检测技术的产业发展。

## 第九节 智能化医疗与大数据重大科技项目

### 一、应用目标

根据美国医学研究院的一篇报告，如今医疗健康支出的 1/3 被浪费而

没有用于改善医疗。有效整合和利用的医疗大数据对个体医生、康保中心、大型医院、责任医疗组织和研究机构都有着显著作用。单就美国而言，医疗大数据的利用每年可以节省 3000 亿～4500 亿美元医疗开支。随着各地卫生大数据平台相继建设和医保异地结算的推行，打破医疗、预防和社区卫生等小团体之间的信息壁垒成为可能，我国建设覆盖全民、统筹预防和医疗、整合疾病治疗和康复、慢性病管理和新发传染病防控的智能化卫生体系成为大势所趋。利用所产生健康大数据分析技术，从临床数据、研究数据、个人健康数据、公共健康数据中挖掘潜在的关系，有效地帮助医生进行更准确的临床诊断；更精确地预测治疗方案的成本与疗效；整合患者基因信息进行个性化治疗；基于人口健康数据做出医药卫生管理层面的科学决策，最终形成智能化、一体化的全国医疗系统。

## 二、关键技术攻关任务与路线

### 1. 2016～2020 年

在国家的一线城市完成医疗系统的改革，二三线城市开始完善。建立医疗大数据库，储存全国居民的医疗信息。全面实现卫生基础数据的电子化，包括户籍信息、人口信息、医疗记录、预防接种记录等，依托于卫生系统积累的档案资料，将打破部门壁垒，建设联通全国的全民电子健康档案体系，实现全国一卡通、病历无纸化、诊断数字化和统计科学化。

### 2. 2020～2030 年

建设覆盖公共卫生、医疗服务、医疗保障、药品供应、计划生育和综合管理业务的医疗健康管理和服务大数据应用体系。在病历电子化的基础上，改革医疗机构内部监管手段，在诊断、治疗、护理、药品采购与使用、医疗废弃物处置等医疗活动全程实施信息化管理，提升卫生监督和医政监督的技术水平，改定期抽检为实时监管，切实提高我国医疗机构的服务水平与规范性。在居民电子健康档案的基础上，加大对慢性病防控的投入力度，实现慢性病患者管理和健康促进活动的信息化，促进医疗知识深入群众，改善老龄化社会背景下慢性病患者的健康管理水平。

### 3. 2030～2035 年

全面实现医疗系统的网络化，医疗服务个性化，使绝大多数国民能够具备基本的医学素养；建成覆盖城乡的全国医疗信息管理网络，全国医疗信息全部实现数字化。基于快速诊断技术和大数据研发生物安全体系，为我国新发传染病防控工作提供数字化支持技术，促进我国公共卫生应急决策的科学化。

## 三、工程技术目标与标志性创新成果

到 2035 年，建成全国医疗管理和服务大数据应用体系，一线城市应用覆盖率 100%，其他地区应用覆盖率 70%，建成以大数据为核心驱动的全国智能医疗体系。由于浪费而导致的全国医疗卫生总支出增长得到遏制。

# 第十节　法医学重大科技项目

## 一、应用目标

法医学的学科发展关乎国计民生和社会稳定，是我国法治化进程和全面建设小康社会的重要环节。当前，我国社会安全形势依然相当严峻，主要表现在新型、智能型犯罪比例不断加大，犯罪分子反侦查意识、手段增强，传统刑事技术手段的应用效果不断降低及恐怖犯罪案件大幅上升等。而法医学鉴定实践中尚存在一些突出问题，主要是技术手段不多、科技含量不高、认定能力不强，鉴定意见的科学性、客观性、公正性尚不能满足司法实践的需要。因此，迫切需要科技提供强有力的支撑。

近年来，我国在法医学领域中的科研经费投入逐步增强，科研力量与学术队伍不断壮大，研究水平得到显著提升，在世界范围内的影响力不断增加。我国法医学者在国际权威的法医类杂志发表研究型论文数量逐年增多，被他引次数大幅提高。另外，我国法医学学者积极参加国际法医学会议，逐渐将自己的科学研究与国际接轨，增加了我国法医学专业的国际影响力等。

## 二、关键技术攻关任务与路线

### 1. 2016～2020 年

重点围绕个体生物特征鉴识、心血管损伤与死亡机制、毒物所致损伤与死亡机制、神经精神损伤与死亡机制、死亡与损伤时间推断、毒物鉴识与中毒机制六大方向开展系统的基础研究。

### 2. 2020～2030 年

进一步基于基础研究的成果研发相应的鉴识技术体系，研制相关技术标准，出台相关技术法规。

### 3. 2030～2035 年

通过建立示范平台和基地，在法医学实践中进一步检验成果，最终形成一整套可靠、科学的鉴识技术体系。

## 三、工程技术目标与标志性创新成果

（1）建立个体生物特征鉴识技术体系，开展人体表征分子鉴识、生物检材溯源鉴识、疑难生物检材鉴识、复杂亲缘关系及同卵双生子鉴识等。

（2）建立毒物中毒鉴识技术体系和环境损害中毒法医学评价体系，开展未知毒物鉴识、毒物所致精神神经损伤鉴识、毒物所致心血管损伤鉴识、毒物所致免疫系统损伤鉴识、环境损害法医学鉴识等。

（3）建立法医病理学损伤、死因鉴识技术体系，开展应激性组织细胞损伤及其死亡参与程度鉴识、复杂死因鉴识、心源性猝死分子鉴识、损伤时间推断鉴识和死亡时间推断鉴识等。

（4）建立法医精神病学鉴识技术体系，开展精神创伤所致精神损伤的鉴识、颅脑损伤所致精神损伤鉴识；开展暴力（攻击）行为的预测等。

（5）建立法医转化医学研发技术体系，包括法医转化医学技术体系的证据链要素体系；法医各学科转化医学科研技术规范；法医转化医学科研成果证据学属性评价标准等。

# 第九章
# 医药卫生领域措施与政策建议

## 一、适应国民健康需要，坚持预防为主，防治结合健康策略，实现关口前移

注重医药卫生工作理念的调整。跳出传统疾病诊断和治疗的框框，采用大健康模式的新思维，转变观念。切实从以疾病诊治为重转向预防为主、防治结合的健康策略，在预防和控制生物学因素的同时，着力解决突出环境问题，加大生态保护力度，实施食品安全战略，倡导健康文明生活方式，实现疾病控制关口前移。

## 二、以重点工程和重点项目为依托，在重点疾病、关键问题领域寻找突破口，抢占技术制高点

要以提高我国医药卫生核心竞争力为目标，紧跟国际前沿，结合我国经济社会发展和医药卫生需求的实际需要，充分发挥我国现有技术优势，推动实施一批医药卫生领域的重点工程和重大项目。充分利用网络化、信息化资源，在新兴医药卫生领域寻找重点疾病、关键问题的突破口，抢占技术制高点。

### 三、加强实施创新和专利战略，重视科研与生产的结合与技术转化

积极有效地开展专利战略，支持高新技术及产业技术的发明，鼓励单位或个人掌握自主知识产权的核心技术和关键技术，切实提高我国医药卫生领域的原始创新能力，真正成为我国医药卫生事业发展的原动力。

### 四、完善政策、健全法律支撑体系

在政策层面上，需要政府加强宏观统筹，加强医药卫生领域发展的战略研究和人口发展战略研究，不断完善医药卫生和人口的政策与制度建设。研究制定国家卫生与健康法，建立重大疾病防治结合工作机制和健康管理长效工作机制，积极应对我国人口老龄化和生育政策的变化，保障各部门责任的落实，实现生命全周期流程的健康管理，建设健康的生活、生产环境，打造"健康中国"。

### 五、建立与经济发展水平相适应的公共财政投入政策与机制

全面提高国民健康素质，实现"健康中国"伟大目标，必须以国家经济社会持续稳定发展为基础，必须保障医药卫生领域的持续投入。要建立与经济发展水平相适应的公共财政投入政策，改变投入机制，以需求为导向，实施供给侧结构性改革。

### 六、实施"人才强卫"战略，提高卫生人力素质

需将医药卫生领域人才培养及学术梯队的建设作为重点项目实施。加强复合型人才的培养力度，建立符合国际标准的人才流动机制，鼓励并促进理、工、医的融合，提高卫生人力素质，提升医药卫生领域整体竞争力。

## 七、积极开展国际交流和合作

积极开展国际交流合作及人才引进。建立国际标准化的技术平台，引进一批具有国际视野的科技人才，培养一大批优秀青年人才。促进国内外技术、项目等方面的优势互补，拓展合作领域，创新合作方式，提高合作成效，加快我国医药卫生领域科技发展。

# 参 考 文 献

陈丹，王鑫彦，2003．中药资源保护的重要性及其策略．时珍国医国药，14(11): 705-706.

范骁辉，程翼宇，张伯礼，2015．网络方剂学：方剂现代研究的新策略．中国中药杂志，40(01): 1-6.

国务院办公厅，2017．国务院办公厅关于印发中国防治慢性病中长期规划（2017—2025 年）．http://www.gov.cn/zhengce/content/2017-02/14/content_5167886.htm.［2017-02-14］.

国家统计局，2018．中华人民共和国 2017 年国民经济和社会发展统计公报．北京：中国统计出版社：3.

何明燕，夏景林，王向东，2015．精准医学研究进展．世界临床药物，36(06): 418-422.

何蕴韶，2009．全球分子诊断市场发展方向和趋势．http://www.doc88.com/p-9989577 21435.html.［2009-11-27］.

洪紫映，邓朝华，金新政，2016．智慧健康系统关键技术研究．智慧健康，2(09): 5-9.

井珊珊，2013．慢性非传染性疾病防控关键技术及控制策略研究．山东大学学位论文．

科技部，2015．干细胞与转化医学重点专项实施方案征求意见．http://www.most.gov.cn/tztg/201502/t20150226_118286.htm.［2015-02-26］.

孔灵芝，2012．关于当前我国慢性病防治工作的思考．中国卫生政策研究，2012,5(01): 2-5.

李玲，徐扬，陈秋霖，2012．整合医疗：中国医改的战略选择．中国卫生政策研究，

5(09): 10-16.

李凌江，2015. 精神病学的临床科学研究前沿. 中国心理卫生杂志，29(05): 322-323.

刘皓然，2016-1-18. 调查：空气污染成全球"致命"威胁 联合国称空气污染每年导致 330 万人死亡. 环球时报，第 4 版.

潘家华，魏后凯，2015. 中国城市发展报告（NO.8）·创新驱动中国城市全面转型. 北京：社会科学文献出版社.

唐莉，2010. 中医"治未病"理念的重大现实意义. 亚太传统医药，6(08): 1-2.

温颖新，2016. 浅谈医疗卫生服务供给侧改革——以探索远程医疗标准化为例. 标准化助力供给侧结构性改革与创新——第十三届中国标准化论坛论文集. 北京：中国标准化协会：1565-1571.

吴梧桐.2006. 系统生物学与药物发现研究. 药物生物技术，13(05): 315-321.

卫生部，民政部，公安部，中国残疾人联合会，2003.中国精神卫生工作规划（2002—2010 年）.上海精神医学，2003，15(12): 125-128.

谢忠平，李琦涵，2007. 与传染病抗争：疫苗的应用与发展. 科学，59(01): 17-20.

徐砚通，2015. 方剂配伍的现代科学内涵探讨. 中草药，46(04): 465-469.

曾毅，刘成林，谭铁牛，2016. 类脑智能研究的回顾与展望. 计算机学报，39(01): 212-222.

张煜，封青，胡军，2012. 肿瘤的细胞免疫治疗研究进展. 生物技术通讯，23(03): 440-443.

周琪，任小波，杨旭，等，2015. 面向未来的新一轮医疗技术革命——干细胞与再生医学研究战略性先导科技专项进展. 中国科学院院刊，30(02): 262-271.

中共中央 国务院，2016. "健康中国 2030" 规划纲要. http://www.gov.cn/zhengce/2016-10/25/content_5124174.htm. [2016-10-25].

中国经济网，2014.《中国工业发展报告 2014》发布：中国步入工业化后期. http://www.ce.cn/xwzx/gnsz/gdxw/201412/15/t20141215_4125196.shtml.［2014-12-25］.

中国工程科技中长期发展战略研究项目组，2015.中国工程科技中长期发展战略研究.北京：中国科学技术出版社.

中国信息产业网，2015. 2015 医疗健康大数据峰会即将召开. http://www.cnii.com.cn/informatization/2015-10/15/content1637646.htm.［2015-10-15］.

WHO，2017. World Health Statistics 2017：Monitoring health for the SDGs, Sustainable Development Goals. http://apps.who.int/iris/bitstream/handle/10665/255336/9789241565486-eng.pdf?sequence=1. [2017-05-17].

# 关键词索引

## 其他